国家级技工教育规划教材
全国技工院校医药类专业教材

制剂设备使用与维护

黄晟盛　庞心宇　主编

中国劳动社会保障出版社

图书在版编目（CIP）数据

制剂设备使用与维护/黄晟盛，庞心宇主编．-- 北京：中国劳动社会保障出版社，2023
全国技工院校医药类专业教材
ISBN 978－7－5167－5853－3

Ⅰ．①制…　Ⅱ．①黄…　②庞…　Ⅲ．①制剂机械－技工学校－教材　Ⅳ．①TQ460.5

中国国家版本馆 CIP 数据核字（2023）第 083441 号

中国劳动社会保障出版社出版发行
（北京市惠新东街 1 号　邮政编码：100029）

*

北京市科星印刷有限责任公司印刷装订　　新华书店经销

787 毫米×1092 毫米　16 开本　12.25 印张　264 千字
2023 年 6 月第 1 版　　2024 年 5 月第 2 次印刷
定价：36.00 元

营销中心电话：400－606－6496
出版社网址：http://www.class.com.cn

《制剂设备使用与维护》编审委员会

主　　编　黄晟盛　庞心宇

副 主 编　张晓军　陈　迪　江丽芸　熊　豚

编　　者　**（以姓氏笔画为序）**

史迎柳（杭州第一技师学院）

江丽芸（江西省医药技师学院）

杨　芳（湖南食品药品职业学院）

宋新焕（杭州第一技师学院）

张晓军（杭州第一技师学院）

陈　迪（杭州轻工技师学院）

庞心宇（湖南食品药品职业学院）

黄晟盛（杭州第一技师学院）

蒋义意（杭州轻工技师学院）

熊　豚（江西省医药技师学院）

主　　审　徐秀卉（杭州康恩贝制药有限公司）

万华根（江西省医药技师学院）

总前言

为了深入贯彻党的二十大精神和习近平总书记关于大力发展技工教育的重要指示精神，落实中共中央办公厅、国务院办公厅印发的《关于推动现代职业教育高质量发展的意见》，推进技工教育高质量发展，全面推进技工院校工学一体化人才培养模式改革，适应技工院校教学模式改革创新，同时为更好地适应技工院校医药类专业的教学要求，全面提升教学质量，我们组织有关学校的一线教师和行业、企业专家，在充分调研企业生产和学校教学情况、广泛听取教师意见的基础上，吸收和借鉴各地技工院校教学改革的成功经验，组织编写了本套全国技工院校医药类专业教材。

总体来看，本套教材具有以下特色：

第一，坚持知识性、准确性、适用性、先进性，体现专业特点。教材编写过程中，努力做到以市场需求为导向，根据医药行业发展现状和趋势，合理选择教材内容，做到“适用、管用、够用”。同时，在严格执行国家有关技术标准的基础上，尽可能多地在教材中介绍医药行业的新知识、新技术、新工艺和新设备，突出教材的先进性。

第二，突出职业教育特色，重视实践能力的培养。以职业能力为本位，根据医药专业毕业生所从事职业的实际需要，适当调整专业知识的深度和难度，合理确定学生应具备的知识结构和能力结构。同时，进一步加强实践性教学的内容，以满足企业对技能型人才的要求。

第三，创新教材编写模式，激发学生学习兴趣。按照教学规律和学生的认知规律，合理安排教材内容，并注重利用图表、实物照片辅助讲解知识点和技能点，为学生营造生动、直观的学习环境。部分教材采用工作手册式、新型活页式，全流程体现产教融合、校企合作，实现理论知识与企业岗位标准、技能要求的高度融合。部分教材在印刷工艺上采用了四色印刷，增强了教材的表现力。

本套教材配有习题册和多媒体电子课件等教学资源，方便教师上课使用，可以通过技工教育网（http://jg.class.com.cn）下载。另外，在部分教材中针对教学重点和难点制作了演示视频、音频等多媒体素材，学生可扫描二维码在线观看或收听相应内容。

本套教材的编写工作得到了河南、浙江、山东、江苏、江西、四川、广西、广东、湖南等省（自治区）人力资源社会保障厅及有关学校的大力支持，教材编审人员做了大量的工作，在此我们表示诚挚的谢意。同时，恳切希望广大读者对教材提出宝贵的意见和建议。

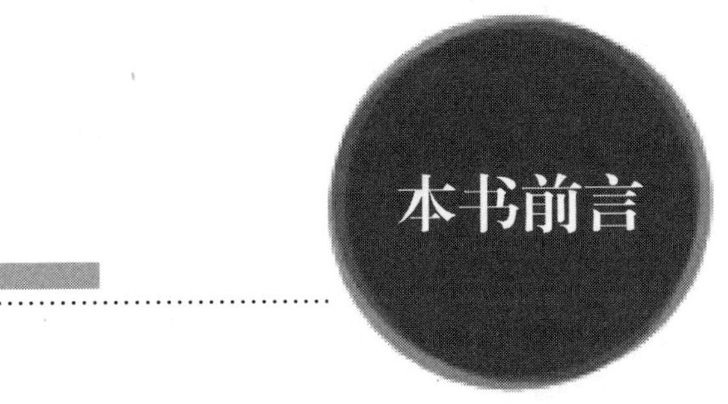

本书是全国技工院校医药类专业教材，涵盖了初中起点和高中起点药物制剂专业基础课程内容。针对技工院校学生特点，本书的编写突出实践导向、理论够用，满足药物制剂工职业技能教学和培训的需求。

本书以常见剂型生产过程中所涉及的设备为主线，依据《药品生产质量管理规范》（2010 年修订，简称 GMP）、《药物制剂工国家职业技能标准》，按照医药生产企业制剂设备实际使用情况，以药物制剂技术的基础知识和操作技能为基础，引出常见制剂设备的主要结构、工作原理以及使用与维护方法，使学生具备完成专业岗位工作所需的设备知识，能按照 GMP 要求完成制剂生产操作，同时培养学生吃苦耐劳、细心严谨的专业态度，为将来的专业发展夯实基础。

本书主要内容包括绪论、制剂生产通用设备、口服固体制剂生产设备、口服液体制剂生产设备、无菌制剂生产设备、其他剂型生产设备和制剂包装设备，共有 7 章、11 个实训项目。

本书由黄晟盛、庞心宇共同担任主编，徐秀卉、万华根担任主审，编写人员及任务分工如下：张晓军、宋新焕负责第一章的编写，杨芳负责第二章的编写，黄晟盛、史迎柳负责第三章的编写，陈迪负责第四章的编写，蒋义意负责第五章的编写，江丽芸、熊豚负责第六章的编写，庞心宇负责第七章的编写。黄晟盛、庞心宇拟定本书编写提纲并负责全书的修改和统稿。

目前我国制药工业发展迅速，制剂设备不断更新，本书内容在一些方面仍不够完善，且限于编写水平和时间，书中不当和疏漏之处在所难免，恳请读者批评指正。

编者

2023 年 1 月

目录

第一章

绪 论

药品的质量直接关系人的生命安全，制药设备与原辅料、半成品和药品直接接触，是决定药品质量高低和是否受到污染的重要因素。随着时代的进步，《药品生产质量管理规范》（2010 年修订，简称 GMP）对制药设备的要求越来越严格，以保障生产出合格的药品。

本章主要介绍制药设备分类、制药设备材料及防腐知识、GMP 对制药设备的要求和制药设备管理等内容。

§1－1 制药设备基础知识

学习目标

1. 掌握制药设备的分类，了解制药机械产品代码与型号。
2. 熟悉制药设备的材料，了解制药设备防腐知识。

药物制剂生产过程包括原辅料的粉碎、过筛、混合、干燥、制粒、胶囊填充、压片、包衣等单元操作，以及其他制剂的配制、过滤、洗瓶、干燥、灭菌、灌装和包装等单元操作。这些操作都需要特定的制药机械设备来完成。

一、制药设备的分类

1. 制药机械的分类

按照《制药机械 术语》（GB/T 15692—2008），可将制药机械分为 8 类。

（1）原料药设备及机械

原料药设备及机械是指利用生物、化学及物理方法，实现物质转化，制取医药原料的机械及工艺设备。

（2）制剂机械及设备

制剂机械及设备是指将药物原料制成各种剂型药品的机械及设备，可分为 13 类。

1）颗粒剂机械：将药物或与适宜的药用辅料经混合制成颗粒状制剂的机械及设备，如槽形混合机、摇摆式制粒机等。

2）片剂机械：将药物或与适宜的药用辅料混匀压制成各种片状固体制剂的机械与设备，如高速旋转式压片机、有孔包衣机等。

3）胶囊剂机械：将药物或与适宜的药用辅料填充于空心胶囊或密封于软质囊材中的机械，如硬胶囊充填机、滚模式软胶囊压制机等。

4）粉针剂机械：将无菌粉末药物定量分装于抗生素玻璃瓶内，或将无菌药液定量灌入抗生素玻璃瓶再用冷冻干燥法制成粉末并盖封的机械及设备，如抗生素玻璃瓶清洗机、滚压式抗生素玻璃瓶轧盖机等。

5）小容量注射剂机械及设备：制成 50 mL 以下装量无菌注射液的机械及设备，如回转式安瓿清洗机、安瓿洗烘灌封联动线等。

6）大容量注射剂机械及设备：制成 50 mL 及以上装量的注射剂的机械及设备，如玻璃输液瓶理瓶机、塑料输液瓶灌封机等。

7）丸剂机械：将药物或适宜的药用辅料以适当的方法制成滴丸、蜜丸、小丸（水丸）等丸剂的机械及设备，如离心式制丸机、小蜜丸机等。

8）栓剂机械：将药物与适宜的基质制成供腔道给药栓剂的机械及设备，如冷挤式制栓机、热熔式制栓机等。

9）软膏剂机械：将药物与适宜的基质混合制成外用制剂的机械及设备，如真空均质制膏机、盒装软膏灌封机等。

10）口服液体制剂机械：将药物与适宜的药用辅料配制成供口服的液体制剂的机械及设备，如化糖罐、玻璃口服液瓶灌装机等。

11）气雾剂机械：将药物与适宜的抛射剂共同灌注于具有特制阀门的耐压容器中，制作成药物以雾状喷出的机械及设备，如气雾剂灌封机、抛射剂压装机等。

12）眼用制剂机械：将药物制成滴眼剂和眼膏剂的机械及设备，如滴眼剂瓶清洗机、眼膏剂制膏机等。

13）药膜剂机械：将药物和药用辅料与适宜的成膜材料制成膜状制剂的机械及设备，如纸型药膜机、制膜机等。

（3）药用粉碎机械

药用粉碎机械是指以机械力、气流、研磨、低温方式粉碎药物的机械及设备。

（4）饮片机械

中药材通过净制、切制、炮炙、干燥等方法，改变其形态和性状制取中药饮片的机械及设备。

（5）制药用水、气（汽）设备

制药用水、气（汽）设备是指采用适宜的方法，制取制药用水和制药工艺用气（汽）的机械及设备。

（6）药品包装机械

药品包装机械是指完成药品直接包装和药品包装物外包装及药包材制造的机械及设备。

（7）药物检测设备

药物检测设备是指检测各种药物质量的仪器与设备。

（8）其他制药机械及设备

其他制药机械及设备包括与制药生产相关的其他机械及设备，如离心泵、输送机等。

2. 制药机械产品代码与型号

在我国制药机械标准中，《制药机械产品分类及编码》（GB/T 28258—2012）是一项基础标准，《制药机械产品型号编制方法》（JB/T 20188—2017）的制定是为了加强制药机械的生产管理、产品销售、设备选型及国内外技术交流。

（1）制药机械产品代码

根据《制药机械产品分类及编码》（GB/T 28258—2012）的规定，制药机械产品代码结构共分为3个层级，第一层级为制药机械产品类别代码，第二层级为制药机械产品类目代码，第三层级为制药机械产品代码。

产品类别代码：由产品类别组成第一层级代码，即由两位阿拉伯数字表示。原料药机械及设备代码为01，制剂机械及设备代码为02，药用粉碎机械代码为03，饮片机械代码为04，制药用水、气（汽）设备代码为05，药品包装机械代码为06，药物检测设备代码为07，其他制药机械及设备代码为08。

产品类目代码：由第一层级的产品类别代码和第二层级的产品类目代码组合而成，即由4位阿拉伯数字表示。

产品代码：由第一层级的产品类别代码、第二层级的产品类目代码和第三层级的产品代码组合而成，由6位阿拉伯数字表示（亦称全码）。

以湿法混合制粒机代码020115为例，“02”表示制剂机械及设备，“0201”表示颗粒剂机械，“020115”为该设备全码。其他设备代码可通过查询《制药机械产品分类及编码》（GB/T 28258—2012）获得。

（2）制药机械产品型号

制药机械产品型号由产品类别代号、功能代号、型式代号、特征代号和规格代号组成。其中，类别代号、功能代号和规格代号为型号中的主体部分，是编制型号的必备要素；型式代号和特征代号为型号中的补充部分，是编制型号的可选要素。制药机械产品型号及意义见表1－1。制药机械产品型号的格式：Ⅰ Ⅱ Ⅲ Ⅳ Ⅴ型＋设备名称。以ZP35旋转式压片机为例，Z为类别代号，表示制剂机械及设备；P为功能代号，表示压片机械；型式代号、特征代号未使用；35为规格代号，表示压片机冲模数为35。

表1－1　制药机械产品型号及意义

序号	代号	意义
Ⅰ	产品类别代号	表示制药机械产品的类别。原料药机械及设备为Y，制剂机械及设备为Z，药用粉碎机械为F，饮片机械为P，制药用水、气（汽）设备为S，药品包装机械为B，药物检测设备为J，其他制药机械及设备为Q

续表

序号	代号	意义
Ⅱ	产品功能代号	表示产品的功能，如蒸发、制粒、压片和包衣等。多功能机的功能代号可按其产品功能由两个或多个不同功能的字母组合表示
Ⅲ	产品型式代号	表示产品的机构、安装形式、运动方式等，如喷淋式、喷雾式、平板式等
Ⅳ	产品特征代号	表示产品的结构、工作原理等，如外加热、微波、外循环等
Ⅴ	产品规格代号	表示产品的生产能力或主要性能参数，一般用数字表示。如果表示两个以上参数，用斜线隔开

【知识链接】

认识国家标准、行业标准、地方标准和企业标准

按照国内外对标准的定义，标准是由权威机构批准发布的。目前，我国标准分为国家标准、行业标准、地方标准和企业标准。

国家标准——由国家市场监督管理总局和国家标准化管理委员会联合发布。

行业标准——由国务院有关部委发布。

地方标准——由各地方标准化主管部门发布。

企业标准——由各企业发布。

二、制药设备材料

1. 金属材料

（1）黑色金属

1）铸铁。铸铁指的是含碳量大于2.11%（质量分数）的铁碳合金，如白口铸铁、灰口铸铁、球墨铸铁、可锻铸铁等。灰口铸铁在制药设备中应用最广泛，优点是具有良好的铸造性、耐磨性、减震性、切削加工性等，缺点是机械强度低、塑性和韧性差，一般用于机床床身、底座、箱体、箱盖等受压但不易受冲击的部件。

2）钢。钢是含碳量小于2.11%（质量分数）的铁碳合金。钢按所含有害杂质（硫、磷等）的多少可分为普通钢、优质钢和高级优质钢，按组成成分可分为碳素钢和合金钢，按用途可分为结构钢、工具钢和特殊钢。此类材料应用广泛，根据其强度、塑性、韧性、硬度等性能特点，可分别用于铁钉、铁丝、薄板、钢管、容器、紧固件、轴类、弹簧、连杆、齿轮、刃具、模具、量具等零部件的制作。例如，特殊钢中的不锈钢（可细分为不锈钢和耐酸钢）因其耐腐蚀性较强而广泛应用于医疗器械和制药设备中，常用的有铬不锈钢和铬镍不锈钢。不锈钢因铬含量大于10.5%（质量分数）而具有在大气、蒸汽、水等弱腐蚀介质中不生锈的性质。耐酸钢是指在酸、碱、盐和海水等苛刻腐蚀介质中耐腐蚀的钢，铬的含量更高，且常含有镍、钼、硅、铜、氮等其他元素。

【知识链接】

制药行业使用最普遍的是304和316L奥氏体不锈钢两个品种。一般，固体制剂、口服液制剂等生产设备的材料大多为304不锈钢，注射剂生产设备的材料大多为316L不锈钢。

（2）有色金属

1）铝和铝合金。工业纯铝一般只用于导电材料；铸造铝合金只用于铸造成型；变形铝合金塑性较好，可用于冷、热加工和切削加工。

2）铜和铜合金。工业纯铜（紫铜）一般只用于导电和导热材料；特殊黄铜有较好的强度、耐腐蚀性、可加工性，在机器制造中应用较多；青铜有较好的耐磨性、耐腐蚀性、塑性，在机器制造中应用也较多。

2. 非金属材料

（1）高分子材料

1）热固性塑料。酚醛塑料、环氧树脂、氨基塑料、聚苯二甲酸二丙烯树脂属于热固性塑料。此类塑料耐热和耐压性好，但机械性能较差，在一定条件下加入一定添加剂能发生化学反应而固化，固化后受热不易软化，加溶剂不溶解。

2）热塑性塑料。热塑性塑料受热软化，可以塑造成型，冷却后变硬，此过程可逆，能反复进行。优点是加工成型简便，机械性能较好。氟塑料、聚酰亚胺还有耐腐蚀性、耐热性、耐磨性、绝缘性等特殊性能，是优良的高级工程材料。聚乙烯、聚丙烯、聚苯乙烯等的耐热性、刚性较差。

（2）陶瓷材料

1）传统工业陶瓷。传统工业陶瓷主要有绝缘瓷、化工瓷、多孔过滤陶瓷。绝缘瓷一般用于绝缘器件。化工瓷用于重要器件、耐腐蚀的容器和管道及设备等，如氧化物陶瓷、氮化物陶瓷、碳化物陶瓷等。

2）新型陶瓷。新型陶瓷是一种较好的高温耐火结构材料，一般用于制作耐火坩埚及高速切削工具等，还可用于耐高温涂料、磨料和砂轮。

3）金属陶瓷。金属陶瓷是由陶瓷和金属结合构成的，既有金属的高强度和高韧性，又有陶瓷的高硬度、高耐火度、高耐腐蚀性和抗氧化性能，是优良的工程材料，用作高速切割工具、模具和刃具。

【知识链接】

制药设备新材料

1）超纯铁素体不锈钢。超纯铁素体不锈钢是指碳、氮等间隙元素含量极低的铁素体不锈钢，在任何温度下其金相组织呈铁素体组织，为铬质量分数在17%～30%、钼质量分数在0～4%的铁基铬钼合金。其中，SUS445J2不锈钢的耐腐蚀性能优于316L不锈钢，热膨胀系数小于316L不锈钢，导热性能好于奥氏体不锈钢，不含镍，且成本低于316L不锈钢。

2）双相不锈钢。双相不锈钢是指不锈钢的固溶组织中铁素体与奥氏体两相各约占一半，一般较少相的质量分数至少为30%。

3）复合材料。复合材料是指通过高科技器材将不同性质的材料进行组合和优化形成的全新材料。复合材料中最常用的是玻璃钢（玻璃纤维增强工程塑料），它是以玻璃纤维为增强剂，以热塑性或热固性树脂为黏结剂分别制成热塑性玻璃钢和热固性玻璃钢。热塑性玻璃钢的机械性能超过了某些金属，可代替一些有色金属制造轴承（架）、齿轮等精密机件。热固性玻璃钢既有质量小以及比强度、介电性能、耐腐蚀性、成型性好的优点，也有刚度和耐热性较差、易老化和蠕变的缺点，一般用作形状复杂的机器构件和护罩。

3. 设备材料防腐

（1）设备材料腐蚀分类

1）化学腐蚀。金属的化学腐蚀是金属与周围介质直接发生化学反应而引起的损坏，腐蚀过程中并没有电流在金属内部流动。化学腐蚀主要包括金属在干燥气体中的腐蚀和金属在非电解质溶液中的腐蚀。干燥气体腐蚀主要指金属在高温下的氧化或与其他气体作用而产生的破坏。例如，金属在铸造、锻造、轧制、焊接及热处理过程中会发生高温氧化。金属在非电解质溶液中的腐蚀主要指金属受不导电或导电性不良的有机物质作用而发生的破坏，如无水乙醇、苯类、石油及其加工产物等对金属设备的腐蚀。

2）电化学腐蚀。金属的电化学腐蚀是由于金属在腐蚀过程中形成原电池。在金属的电化学腐蚀中，这种原电池称为腐蚀电池，有电流产生。两种不同的金属在电解质溶液中，由于它们电位不同，可以构成腐蚀电池，电位较低的金属会遭到腐蚀。若是同一种金属，只要其各部分的电位不相同，同样可以构成腐蚀电池，其中阳极电位较低，会遭到腐蚀。

（2）设备材料的防腐蚀方法

1）使用非金属材料法。非金属材料具有较好的耐腐蚀性能，且原料来源广泛，易生产，价格低廉，在药品生产企业多用作耐腐蚀设备材料。影响设备防腐蚀性能的重要因素是非金属设备的施工质量。很多非金属材料如涂料、砖板衬里、玻璃钢、硬聚氯乙烯等，其施工质量及加工水平直接影响设备的防腐蚀效果。非金属材料构成的设备及管道在搬运、安装、使用、维修等过程中，不宜强力拉长或压缩、用力敲击、振动、撞击和跌落等，否则会造成设备损坏。同时，非金属设备中的某些防腐蚀材料，如树脂、固化剂、橡胶板等都有一定的有效期，过期就会变质、失效，影响其耐腐蚀性能，应对一些部件及时进行更换。

2）金属覆盖保护层法。金属覆盖保护层法是用耐腐蚀性较好的金属（包括合金）材料，覆盖耐腐蚀性较差的主体金属，使主体金属免遭介质腐蚀的一种防腐蚀方法。金属覆盖保护层法可分为阳极覆盖法和阴极覆盖法两种。阳极覆盖法保护层金属的电位比被保护金属的电位低，在腐蚀性介质中前者为阳极，后者为阴极，如铁上镀锌等。阴极覆盖法保护层金属电位比被保护金属的电位高，这时只有当保护层完整时才能起到防腐蚀作用，如铁上镀锡、铅、镍等。实施金属覆盖的方法有热镀、喷镀、电镀、化学镀等。

3）电化学保护法。电化学保护法是根据电化学腐蚀原理对被保护金属设备通以直流电源进行极化，以消除或降低金属在电解质溶液中的腐蚀速度。该方法是一种较新的防腐蚀方法，要求介质必须是导电的、连续的，对不导电的有机介质和大气、蒸汽介质不适用。

4）介质处理保护法。此类方法用于腐蚀介质量不大的情况，即处理掉介质中的有害物质或添加缓蚀剂来防止金属的腐蚀。例如，对湿氯气进行干燥脱水，在存放金属样品的干燥器中放入硅胶吸收水分等。

思考与练习

1. 请简述制药设备的分类。
2. 制药设备的材料有哪些？
3. 设备材料防腐蚀的方法有哪些？设备如何防腐蚀？

§1－2　制药设备与 GMP

学习目标

1. 掌握 GMP 对制药设备的要求。
2. 了解制药设备的管理。

一、GMP 对制药设备的要求

1. 设备检查的要求

（1）设计、卫生要求

1）尽量简化设备结构，使其满足生产工艺要求。满足生产工艺要求是指生产目的和规模要与生产需求相匹配，如果设备的规格与生产不配套，对原料药生产来说，就会产生一个批量由多次产量组合的“纸上批量”问题，导致药物的混合度无法控制。设备还应满足安全性和稳定性的要求。设计预留必要的区域，以满足取样和在线监控的要求。备件应通用化、标准化，易于维护与保养。

2）设备的设计和安装应满足易于清洁和排空的要求。设备、工具、管道表面应清洁，边角圆滑，无死角，不易积垢和灰尘，不漏隙，便于检查、拆卸、清洗、消毒、维护和保养。设备内壁应平整、光洁，不存在凹陷结构，所有转角以圆弧过渡。设备应避免死角、砂眼，耐腐蚀。与产品接触的焊接点要满焊，应打磨、抛光至光滑。

3）设备上需要清洗的部件应便于拆卸，大型设备在适当的位置留有卫生检查和清洗操作入口。

4）原料、半成品、成品或包装材料应避免与润滑剂和冷却剂相接触。设备结构设计时尽可能少用润滑剂或润滑油，可采用压缩空气密封。如不可避免，则对那些与裸露的产品直接接触的设备，采用食品级润滑油；其他情况可使用一般润滑油，但应由专人负责定期检修保养。

5）设备密闭性好，确保设备零部件在工作过程中因摩擦产生的微量异物不会进入产品中。

6）噪声超过规定限度的设备应安装消声装置，改善操作环境。

7）干燥设备内不能采用易脱落纤维及含有石棉的空气过滤器，不能使用吸附药品成分或释放异物的过滤装置。进入干燥设备的空气应经过高效过滤、灭菌。

8）设计的管道要保证不积存原料，各种原辅料、料液的输送管道接头连接应严密、光滑、不生锈。管道应尽可能避免盲端、直角或死角。排污口或排污阀应能将管内液体完全排空，便于清洗、消毒，防止堵塞。长管和弯曲管应方便拆卸、清洗、消毒，防止微生物繁殖。

（2）材质要求

凡是接触药品物料的工具、设备、管道，必须用无毒、无味、抗腐蚀、不吸水、不变形、易清洁的材料制作（不锈钢材质以304、316为主）。

（3）设备安装要求

1）设备安装必须符合工艺卫生要求，与天花板、屋梁、墙壁、其他设施设备等应有大于10 cm的距离。设备安装位置应便于设备操作人员和维护人员的操作，以及物料的输送和人员的通行。

2）开放的生产线上方应加保护罩，传动部分应设置防水、防尘罩。设备内的保护罩/盖、门、窗等应能够密封。

3）应消除生产线上方积存冷凝水的点，排气罩上应设置冷凝水排出装置，避免冷凝水掉落到产品中。

4）生产线上方避免安装电机，以免润滑油掉落到产品中污染产品。若不能避免，则应在电机下方设置收集盘，由专人负责定期清理。

5）人员通道避免在生产线上方，当无法避免时，在暴露产品的地方应加保护罩，保护罩应可拆卸、易清洁。

6）无菌室不设置排水口，管道坡度应确保无死角，易于管道的清洁、消毒。

7）物料及辅料选用适宜的传送形式，不同洁净度级别区域之间的输送带必须是完全分隔开的，不得互相穿越，避免发生交叉污染。输送带要易于清洁，不能安装在盒/箱子里面。

8）设备的电机或其他电动、传动装置应安装在封闭的保护装置中，防止产品进入其中。

2. 设备确认的要求

（1）设计确认（design qualification，DQ）

设计确认是指使用方对制造方生产的制药机械（设备）的型号、规格、技术参数、性能指标等方面的适用性进行考察和对制造商进行优选，最后确认与选定制造商与制药机械（设备），并形成确认书面文件。设计确认需要的资料主要有用户需求文件（URS）、设备选型评审资料、设备采购投标文件及合同书、设计确认文件、生产地测试文件（FAT）、供应商应提供的其他技术资料。

（2）安装确认（installation qualification，IQ）

安装确认主要是指安装产品后，确认设备的安装符合设计及安装规范要求，确认设备的随机文件（产品图样、备件清单、仪表校准等）以及附件齐全，检验并用文件证明产品的存在。所需的文件有设备安装图、设备使用说明书、设备各部件及备件的清单、设备安装相应公用工程和建筑设施资料、安装确认草案、相关的标准操作规程（standard operating procedure，SOP）。安装确认的主要内容包含开箱检查、安装环境条件确认、安装确认。

（3）运行确认（operation qualification，OQ）

运行确认主要是指通过空载或负载运行试验，检查和测试设备运行技术参数及运转性能，通过记录并以文件形式证实制药机械（设备）的使用功能、控制功能、显示功能、连锁功能、保护功能、噪声指标，确认设备符合使用方相应生产工艺和生产能力的要求。运行确认所需文件有安装确认报告、SOP 草案、人员培训记录、运行确认草案、设备各部件的用途说明、工艺过程详细描述、试验所用的检测仪器的校验记录。

运行确认的主要内容有外部条件工作的可靠性、SOP 草案的适用性、仪表显示的准确性（确认前后各进行一次校验）、设备运行参数的波动性、设备运行的稳定性及安全性。

（4）性能确认（performance qualification，PQ）

性能确认是模拟实际生产操作进行试生产，一般先用空白料进行试车，以初步确认设备的适用性。在试生产过程中，通过观察、记录、取样检测、收集及分析数据，验证制药机械（设备）在完成制药工艺过程中达到预期效果。性能确认所需文件有设备操作 SOP、产品生产工艺规程、产品质量标准及检验 SOP、人员培训记录、性能确认草案。

性能确认的主要内容有代用品或空白料试生产，具体产品试生产，根据试生产情况进一步确认运行确认过程中应考虑的因素，对产品外观质量的影响，对产品内在质量的影响，必要时进行最大、最小负荷（或能力）试生产，管理文件制定——标准操作规程、批生产记录，人员培训。

3. 设备管理的要求

（1）投资管理

投资管理包括设备方案的构建、调研、论证及决策，自制设备设计和制造，外购设备的采购、订货，设备安装、调试、运行，运行初期效果分析、评价和向制造商反馈信息等。设备选型依据的原则是统筹兼顾，全面考虑各方面因素，如技术上的先进性、节能性、环保性、灵活性、经济性。

（2）运行管理

运行管理是指设备从开始使用至开始频繁出现小故障这一阶段。这一阶段对大部分设备而言运行较为平稳，很少出现较大的问题。但这一阶段是酝酿更大的故障的阶段，若没有较好的保养、维护，设备将很快进入衰老期。所以，运行管理的任务是加强日常设备维护、状态检查以及日常整修工作。

1）日常设备维护。日常设备维护包括日常维护、定期维护、清扫或清洗、润滑、清洁、调整，并建立三级维护保养网，减少设备磨损，延长设备使用寿命，消除事故隐患，保证完成生产任务。应由设备操作人员负责完成日常设备维护工作。

2）状态检查。状态检查包括重点设备的定期检查、精密设备的定期精度检查、设备完好检查以及由维修人员按区域负责的日常巡回检查。

3）日常整修。由维修工程师负责及时排除巡回检查或其他状态检查中发现的设备缺陷。维修策略是以预防维修（PM）为主，以纠正性维修（DOM）、故障维修（OTF）为辅。可用质量管理体系监督关键设备预防维修的执行。

（3）后期管理

后期管理依据的主要信息有设备状态信息、预防维护信息、设备更新报废信息等。此类信息必须建立在设备使用部门、维修部门、供应部门制度的基础上，主要目的是在符合GMP的前提下，保证设备严格按照生产工艺的要求进行生产，并在此基础上提高设备综合管理水平，以便延长设备的使用寿命，达到经济性要求。后期管理具体包括以下几个方面：

1）建立设备维修管理制度和信息反馈制度。应从实际出发，选择适宜的方法，建立适合本企业的设备维修管理制度和相应的信息反馈制度。

2）制定规程。对每一台专用设备制定相应的清洗规程、维修规程等，坚持定期维修和状态维修，对在使用过程中出现的局部缺陷及时进行修复，以使其尽快恢复原有性能。

3）大修。结合设备普查的状态，按照大修理周期，在对设备维修的历史记录中各项数据进行分析后，确定恢复性维修和改造修理的内容。

4）故障控制与管理，健全维修记录。在设备维修管理中，有计划地控制故障的发生，防止故障重复是比较重要的一个环节，可采取的措施如下：

① 通过设备状态检查，对故障信息及积累的各种原始记录进行整理分析，知晓故障规律，并针对各类型设备的特点，采取相应的对策，在故障发生之前有计划地进行日常维修，改变过去事后维修的状态。

② 通过维修后的原始记录，包括设备的安装试车、历次修理、改装等记录，了解故障发生的原因和部位，突出重点并采取措施。

③ 将设备管理的原始凭证作为设备管理的依据，如设备定期检查卡、设备维修情况反馈表、设备修理施工单、设备故障报修单等。

（4）验证管理

验证管理是指用文件证明任何操作规程、生产工艺或系统能达到预期结果的一系列活动。验证包括厂房与设施的验证、设备确认与验证、生产工艺验证、清洁验证和检验方法验证。验证又分为前验证、回顾性验证、同步验证和再验证。前验证指的是厂房、设施、设备、生产工艺等投入使用前必须完成并达到设定要求的验证。回顾性验证是在前验证的基础上进行的验证。同步验证是指在生产工艺常规运行的同时进行的验证。再验证是指一项生产工艺、某种检验方法、一个系统、某种设备或某种材料经过验证并在使用一个阶段以后，需要证明这种验证没有发生飘移而进行的验证。

二、制药设备管理

1. 设备文件管理

（1）收集设备技术资料

1）设备开箱资料：设备结构图样、合格证书、使用说明书（或操作手册）、备件卡片、压力容器检定书、材质报告（或材质证明书）和设备开箱验收记录。

2）设备安装资料：设备安装图、设备安装验证文件（验证记录、验证报告）。

3）设备、仪器、计量器具维护保养记录。

（2）运用设备技术资料

1）设备技术资料是制订设备维修计划的技术依据。

2）设备技术资料有助于掌握零部件损坏规律，以便有计划地采购零部件。

3）参照设备技术资料可预防设备故障和事故的发生。

（3）管理设备技术资料

1）将收集齐全的设备技术资料建立完整的设备档案。

2）设备技术资料均应分类、注册登记、编制索引，不得遗失和混装。

3）凡是设备的技术档案、文件、说明书、图样、技改资料、验证资料、维修记录，均应建档、存档，并由专人统一妥善保管。

4）设备技术资料不得擅自外借传阅。凡需查阅设备技术资料者，必须经有关部门或主管领导批准，查阅者登记后，方可查阅。

5）如遇特殊情况，需借阅设备技术资料者，必须经主管领导批准，借阅者开具借条并签字后，方可借出，并按期归还。

6）设备技术资料如有遗失，应及时报告，并妥善处理。若遗失重要技术资料，要追究责任。

7）因工作需要，设备使用说明书可复制，原件应存档。

2. 状态标志管理

（1）所有使用设备都应有统一编号，设备主体上应有编号，每台设备都要设专人管理，责任到人。

（2）生产结束清场后，每台设备都应挂状态标志牌。通常，有如下几种状态标志：

1）运行中。设备开机时挂上“运行中”标志牌。正在进行生产操作的设备，应标明物料的品名、批号、数量、生产日期、操作人员等。

2）维修中。正在修理中的设备挂上“维修中”标志牌，并标明维修的起始时间、维修负责人。

3）已清洗。已清洗洁净的设备挂上“已清洗”标志牌，表示随时可用，应标明清洗的日期及有效期限。

4）待清洗。尚未进行清洗的设备挂上“待清洗”标志牌，以免误用。

5）停用。因设备损坏或其他原因暂时不用的设备挂上“停用”标志牌。如长期不用，应搬离生产区。

6）待维修。设备出现故障后应挂上“待维修”标志牌。

7）完好。设备的零部件齐全完好，性能良好，无松动、异响、漏水、漏气现象，传动、润滑和冷却等主要系统工作正常，控制系统灵敏可靠等。

（3）各种管路、管线除按规定涂色外，应有标明介质流向的箭头“→”，并标明流向地点、料液的名称等。

（4）灭菌设备应标明灭菌时间和有效期限，超过有效期限的，应重新灭菌后再使用。

（5）当设备状态改变时，要及时更换状态标志牌，避免误用。

（6）所有标志牌应挂在不易脱落的位置。

（7）“运行中”“已清洗”“完好”状态标志牌用绿色字。

（8）“待清洗”“维修中”“待维修”状态标志牌用黄色字。

（9）“停用”状态标志牌用红色字。

3. 维护保养管理

（1）管理职能

1）工程部负责对企业各部门设备维护保养工作进行检查、监督、考评与管理。

2）车间主任和设备员负责对本部门设备维护保养工作进行组织、检查和考评。

3）班组长和班组设备员负责对本班组设备维护保养工作进行组织、检查和考核。

4）操作人员负责操作设备的维护保养。

（2）管理内容

1）对所有设备的维护保养都要实行以操作人员为主，机、电、仪维修人员相结合的制度。设备归谁操作，就由谁维护，做到分工明确，责任到人。

2）设备维护保养工作的原则是维护与计划检修相结合、专业管理与群众管理相结合。操作人员对自己负责的设备要正确使用，精心维护，使设备保持完好状态。

3）设备使用部门负责起草设备操作维护保养规程，并报企业工程部审批，获得批准后，使用部门应按规程严格执行，不得擅自改变。如需更改，必须报企业工程部批准备案。

4）车间的操作人员要定期学习设备操作维护保养规程。车间对操作人员进行“三会”（会使用，会维护保养，会排除故障）教育，操作人员经理论和实际操作技术考核合格后，方可独立操作。对于重要设备，操作人员应相对固定。

5）操作人员的主要职责如下：

① 严格按操作规程进行设备的启动、运行和停机。

② 严格执行生产工艺规程和巡回检查制度，按要求对设备状况（温度、压力、振动、异响等）进行巡回检查，适当调整设备运行参数并认真填写设备运行记录，数据填写要准确。严禁设备超压、超温、超速、超负荷运行。

③ 发现设备有异常情况出现，要立即查找原因，及时处理，不能处理的要及时报告。在紧急情况下（如有特殊声响、强烈振动、爆炸、其他危险时），应采取果断措施甚至停机，并随即报告班组、车间领导和有关部门。在故障没有排除的情况下，不得盲目启动设

备，并应在交班记录中说明故障情况。

④ 按设备润滑管理标准认真做好设备润滑工作。

⑤ 每班清扫本岗位内的设备、管道、操作台及周围环境，做到设备及环境干净、整齐、无杂物，保障清洁文明生产。

⑥ 设备在维修过程中不能对生产造成污染。如果维修过程有可能污染与药品直接接触的设备的表面，必须按相应的程序彻底清洁后方可生产。能退出生产区进行维修的设备，应尽量退出生产区维修；不能退出生产区维修的设备，必须按相应生产区卫生及洁净管理程序进行操作。

⑦ 要及时清除本岗位设备和管道的跑、冒、滴、漏，最大限度降低泄漏率。对于不能消除的泄漏点，应及时通知维修人员进行消除。

⑧ 严格执行设备运行状态记录，记录内容包括设备运行情况、设备故障及处理情况、设备卫生及工具交接情况、注意事项等。

⑨ 应积极配合维修人员完成设备停机检修工作，参与试车验收。

6）机、电、仪维修人员的本职工作如下：

① 按时、按质、按量完成维修任务。设备发生临时故障时，要随叫随到，积极及时进行检修。

② 按照要求对分管设备进行巡回检查（每日 1 ~ 2 次），主动向操作人员了解设备运行情况，及时消除设备缺陷，并做好记录。对不能及时处理的故障，应及时向车间设备维修人员反映，按车间安排执行。

③ 指导和监督操作人员正确使用和维护设备，检查设备润滑情况，发现违规操作应立即予以纠正，对屡教不改者，应向车间主任报告。

④ 设备维修人员应定期对电气仪表进行清扫，保证电气仪表灵敏可靠。

7）对本岗位范围内的闲置、封存设备应定期进行维护保养。

（3）情况检查

1）检查制度的实施情况和设备实际保养状况。

2）工程部对车间、班组、个人三级按月进行考核，并采取相应的奖罚措施。

思考与练习

1. 影响药品质量的因素比较多，如原材料、生产人员、生产环境等。请结合 GMP 的相关内容，阐述制药设备对药品质量的影响。

2. 岗位情景模拟。

情景描述：某公司要购买洗、灌、封生产联动线一套，安装在液体制剂车间口服液生产线上，用于丹参品种口服液、咳喘宁口服液等品种的洗瓶、烘干、灌装、轧盖工序。

（1）请制定 10 mL 口服液洗、灌、封联动设备验证方案。

（2）请制定 10 mL 口服液洗、灌、封生产联动线验证方案、验证报告。

第二章

制剂生产通用设备

药物制剂生产中，制剂生产通用设备包括基础操作生产设备和公用系统生产设备。基础操作生产设备主要包括常见的前处理单元操作如粉碎、过筛、混合设备，公用系统生产设备主要包括制药用水生产设备、净化空调设备、工艺用气设备。

§2－1 基础操作生产设备

学习目标

1. 掌握常见粉碎、过筛、混合设备的结构及基本原理。
2. 能按照设备 SOP 正确操作和使用常见粉碎、过筛、混合设备。
3. 熟悉常用粉碎、过筛、混合设备的清洁和日常维护保养。

一、粉碎设备

1. 概述

（1）粉碎的目的

粉碎是利用机械力将大块固体物料制成适宜粒度的碎块或细粉的操作过程。粉碎是药物原材料处理及后处理技术中的重要环节，粉碎技术直接关系产品的质量和应用性能。

粉碎的目的：增加药物的表面积，促进药物的溶出与吸收，提高难溶性药物的溶出速率以及生物利用度；有利于固体各成分混合均匀；提高固体药物在液体、半固体、气体中的分散度；有利于药材中有效成分的浸出。

（2）粉碎设备的分类

根据粉碎的方式不同，粉碎设备可分为四大类：机械式粉碎设备、气流式粉碎设备、研磨粉碎设备和低温粉碎设备。

1）机械式粉碎设备。机械式粉碎设备是通过机械方式对物料进行粉碎的设备。根据主要粉碎部件结构的不同，机械式粉碎设备可分为齿式粉碎机、锤式粉碎机、刀式粉碎机、涡轮式粉碎机、压磨式粉碎机和铣削式粉碎机等。

2）气流式粉碎设备。气流式粉碎设备是利用粉碎室内的喷嘴将压缩空气（或其他介质）变成高速的气流束，物料在高速气流束的作用下与粉碎室壁之间或物料与物料间产生强烈的冲击、摩擦作用而被粉碎。

3）研磨粉碎设备。研磨粉碎设备主要是通过研磨体、头、球等介质的运动，将物料研磨成超细度混合物。研磨粉碎设备包括球磨机、乳钵研磨机和胶体磨等。

4）低温粉碎设备。低温粉碎设备是将物料冷却到脆化点以下（最低温度可达到 -70 ℃），对物料进行粉碎的设备。低温粉碎的特点如下：

① 在物料粉碎过程中，液氮可循环，使能源得到充分利用，节省能耗。

② 冷源温度最低可降至 -196 ℃，因此，可根据物料的脆化点温度，选择最佳粉碎温度，降低能耗。

③ 粉碎细度可达到 10 ~ 700 目，甚至达到微米级别。

④ 对易燃易爆药物采用低温粉碎有利于劳动安全保护。

2. 常用粉碎设备

（1）万能粉碎机

万能粉碎机（也叫齿式粉碎机）是一种应用广泛的粉碎设备。其对物料的作用力以撞击力为主，适用于脆性、韧性物料以及中碎、细碎等物料的粉碎。由于粉碎机的粉碎部件高速运转，粉碎过程中会发热，故不宜粉碎含有大量挥发性成分的药物和黏性药物。

1）主要结构。万能粉碎机主要由机座、电机、加料斗、粉碎室、钢齿、环状筛板、抖动装置和出粉口等组成，如图 2 -1 所示。钢齿可分为固定齿盘与活动齿盘，两者以不等径的同心圆排列，通过两齿盘的相对运动对物料起粉碎作用。

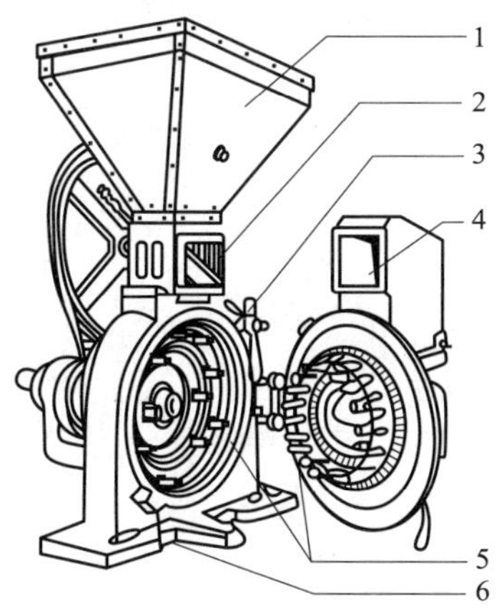

图 2 -1　万能粉碎机结构

1—加料斗　2—抖动装置　3—环状筛板　4—入料口　5—钢齿　6—出粉口

2）工作原理。物料经过加料斗进入粉碎室，高速旋转的活动齿盘产生的较大离心力使物料由粉碎室的中心部位被甩向室壁而产生撞击作用。另外，活动齿盘与固定齿盘之间相对运动速度快，物料同时受钢齿的冲击、剪切、摩擦及物料间的相互撞击作用而被粉碎，最后由于离心力的作用，物料到达转盘外壁的环状空间，细料经环状筛板由底部出料，粗料在粉碎室内继续被粉碎。

3）设备使用。基本操作方法如下：

① 安装筛网并确认无松动和破损，关闭粉碎室封盖并拧紧封盖螺栓。

② 将接料袋结实扎于出粉口处，再把接料袋放入专用料桶中。

③ 启动设备，空机运转 2 ~ 3 min。

④ 运转正常后，加料粉碎，调节料斗阀门，保持匀速加料。

⑤ 工作结束时，先停止加料，待粉碎室内物料完全排出后，继续运转 1 ~ 2 min，排出余料，点击红色停止按钮。

⑥ 切断电源，清场。

4）维护保养。基本维护保养方法如下：

① 设备保持清洁，粉碎室内残留的粉末一定要清扫干净。

② 定期检查齿盘、齿圈等易损部件的磨损程度，发现缺损应及时更换或修复。

③ 定期检查活动齿盘的固定螺栓是否松动，所有紧固部件不得松动，尤其应检查固定齿盘内螺栓。

④ 每半年打开轴承上的遮板，对前、后轴承加润滑油，转动部位应加耐高温的润滑油。

（2）锤式粉碎机

锤式粉碎机结构简单，操作方便，维修容易，粉碎成品的粒度较均匀，且对原料要求不高，但是粉碎部件易磨损且粉碎过程中产热量较大。锤式粉碎机适用于大多数物料的粉碎，但不适用于高硬度物料及黏性物料的粉碎。

1）主要结构。锤式粉碎机主要由高速旋转的旋转轴以及轴上安装的数个 T 形锤头、机壳上的衬板、筛网、加料斗、螺旋加料器等部件组成，如图 2－2 所示。

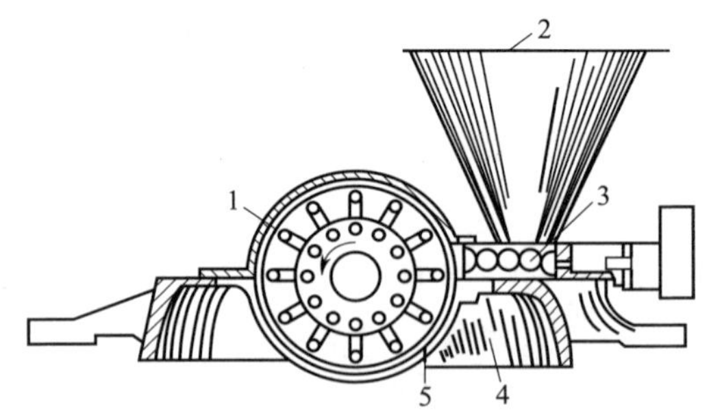

图 2－2　锤式粉碎机结构

1—T 形锤头　2—加料斗　3—螺旋加料器　4—出料口　5—筛网

2）工作原理。锤式粉碎机主要是靠冲击作用来破碎物料的。物料从加料斗进入机内，受到高速旋转锤头的强大冲击、剪切和被抛向衬板的撞击等作用而被粉碎，细料通过筛网进出料口排出为成品，粗料继续被粉碎。锤头的形状、大小、转速以及筛网的目数决定粉碎粒度的大小。

（3）球磨机

球磨机结构简单，密闭操作，适合于贵重物料的粉碎、无菌粉碎、干法粉碎和湿法粉碎等。球磨机粉碎效率低，粉碎时间较长。

1）主要结构。如图2－3所示，球磨机由水平的筒体、进出料空心轴及磨头等部分组成。筒体为长的圆筒，筒内装有研磨球，为了防止筒体被磨损，通常在筒体内表面装有衬板。研磨球为钢、陶瓷或玻璃材料的圆球，按不同直径和一定比例装入筒中。

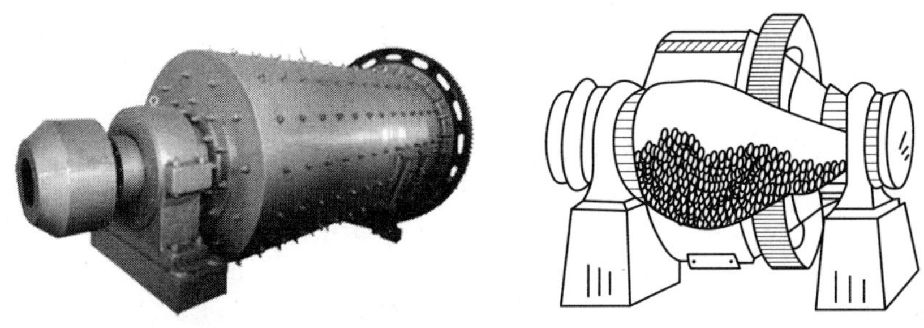

图2－3　球磨机

2）工作原理。筒体转动达到一定速度时会带动筒内的研磨球上升，研磨球上升到一定高度后受重力作用的影响而下落，通过研磨球的上下运动使物料受到冲击力和研磨力而完成粉碎。

影响球磨机粉碎效果的因素主要包括筒体的转速、研磨球与物料的装量、研磨球的大小和质量等。其中，球磨机内研磨球的运动情况对物料的粉碎效果起直接的影响作用。研磨球的运动情况如图2－4所示。其中，图2－4a表示转速太快，由于离心力作用，研磨球与物料黏附在筒体上一道旋转，称为离心状态，对物料起不到冲击和研磨作用。图2－4b表示转速太慢，研磨球和物料因摩擦力被筒体带到等于摩擦角的高度时就下滑，称为泻落状态，对物料虽有研磨作用，但因高度不够，冲击作用小，粉碎效果不佳。图2－4c所示为抛落状态，由于转速适中，研磨球提升到一定高度后抛落，对物料不仅有较大的研磨作用，也有较强的冲击力，所以有较好的粉碎效果。

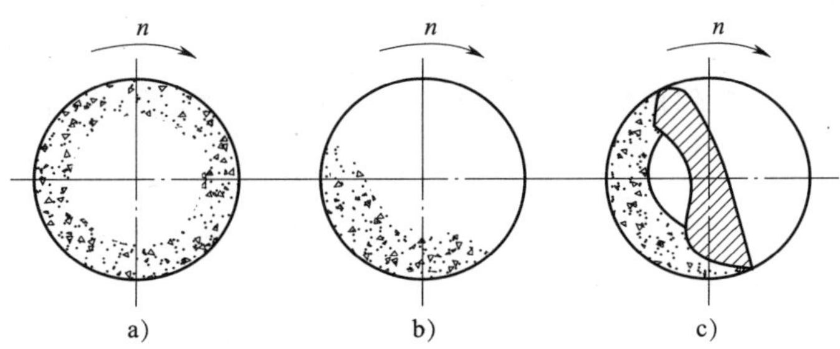

图2－4　研磨球的运动情况

a）离心状态　b）泻落状态　c）抛落状态

（4）气流式粉碎机

气流式粉碎机又称流能磨，是将经过净化和干燥的压缩空气通过一定形状的喷嘴，形成高速气流，以其巨大的动能带动物料在密闭粉碎腔中互相碰撞而产生剧烈的粉碎作用。气流式粉碎机粉碎效率高，可进行粒径在 3 ~ 20 μm 的超微粉碎。在粉碎过程中，高压气流膨胀吸热，产生明显的冷却作用，因此，气流式粉碎机适用于低熔点及热敏性物料的粉碎。

1）主要结构。气流式粉碎机种类较多，有圆盘式气流粉碎机、环形气流粉碎机、靶式气流粉碎机、对喷式气流粉碎机等。其中，循环管式气流粉碎机较为常用，结构如图 2 – 5 所示。

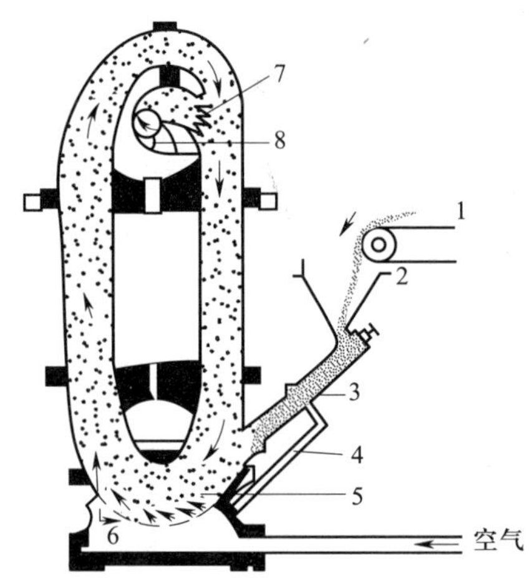

图 2 – 5　循环管式气流粉碎机结构

1—输送带　2—加料斗　3—文丘里送料器　4—支管　5—粉碎室　6—喷嘴　7—分级器　8—出口

2）工作原理。压缩空气自底部喷嘴喷入粉碎室后立即膨胀变为超音速气流在机内高速循环。物料自加料斗经文丘里送料器输送至环形粉碎室底部喷嘴上，射入 O 形环道下端的粉碎腔，在粉碎腔外周粉碎喷嘴高速射流的作用下，物料在粉碎室内随气流高速回转，相互间发生猛烈的碰撞、摩擦及剪切作用，从而实现粉碎。粉碎的微粉随气流上升到分级器，粗粒子由于较大的离心力，沿环形粉碎室外侧返回粉碎腔循环粉碎，质量较小的微粉由气流带出，由中心出口进入捕集系统排出。

3）设备使用。基本操作方法如下：

① 做好开机前准备工作。

② 打开压缩空气阀门和气流粉碎机侧旁的进气阀门，压缩空气进入粉碎机，观察压力表。

③ 根据不同粒径要求进行压力调节。

④ 加料，物料输送应平稳、均匀、连续，加料量不宜过大。

⑤ 加料结束后，关掉加料器开关停止加料，并继续运行 1 ~ 2 min。

⑥ 关闭总进气阀。

4）维护保养。基本维护保养方法如下：

① 检查粉碎机喷嘴中有无异物堵塞。

② 定期检查压力气管、调节阀和接插件是否松动，有无泄漏。

③ 定期检查各固定螺栓、卡箍是否紧固、缺失，除尘收集袋是否破损。

④ 每半年检查压力表反应是否灵敏，应无滞后或不反应现象。

⑤ 每半年检查粉碎机主机内衬是否严重磨损，进料内衬的内孔是否磨损变形。

⑥ 每年检查引风机是否有异常噪声和振动。

（5）胶体磨

胶体磨是利用高剪切作用对物料进行破碎细化，可在极短时间内将混悬液中的固体物料超微粉碎，同时兼有混合、搅拌、分散和乳化的作用，成品粒径可达到 1 μm；结构简单，操作方便，占地面积小，加工精度要求高。各类乳状液的均质、乳化和粉碎都可以用胶体磨来完成，胶体磨常用于混悬剂与乳剂等分散体系。

1）主要结构。胶体磨有立式和卧式两种，主要由壳体、转子、定子、调节机构、机械密封、电机等部件组成。胶体磨结构和外形分别如图 2－6、图 2－7 所示。

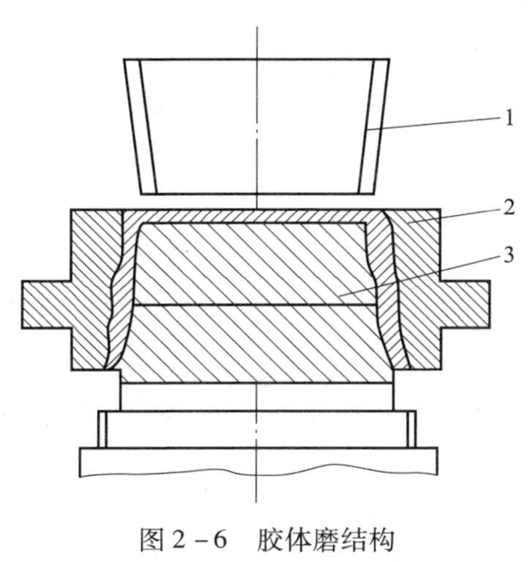

图 2－6　胶体磨结构

1—料斗　2—可调隙定子　3—转子

图 2－7　胶体磨外形

2）工作原理。胶体磨的工作部件由可高速旋转的磨体（转子）和与其相配的固定磨体（定子）组成，定子和转子之间形成微小间隙并可调节。工作时，在转子的高速转动下，物料通过定子与转子之间的环间隙。附于转子表面上的物料速度最大，而附于定子表面上的物料速度为零，其间产生很大的速度梯度。物料受剪切力、摩擦力、撞击力和高频振动等复合力的作用而被粉碎、分散、研磨、乳化和均质。

3）设备使用。基本操作方法如下：

① 连接好料斗、出料循环管，检查循环管阀门。

② 接通冷却水管和排漏管。

③ 调节磨片间隙。

④ 接通电源后，把物料投入料斗，通过调节出料阀改变设备运行状况及物料的粒度。

⑤ 使用完毕，打开出料管，待物料出料完毕，关闭电源。

4）维护保养。基本维护保养方法如下：

① 工作第一个月内，工作 100 h 后更换润滑油，以后每隔 500 h 换油一次。

② 定期检查轴套的磨损情况，磨损较大后应及时更换。

③ 检查所有电气元件各接头的紧固状况；检查线路的老化情况及有无损坏；检查电器各部位防水情况，应接地良好。

④ 检查底座水槽内部排水是否通畅。

⑤ 检查水封密合情况、弹簧松紧度、齿轮磨损情况，检查主轴密封圈磨损情况。

二、过筛设备

1. 概述

过筛是通过网孔性工具将粒度不同的物料进行分离的操作。其目的是得到粒度均匀的物料，同时还有混合作用。

根据物料在设备中的不同运动方式，可将常用的过筛设备分为振动筛、旋转筛和摇动筛。其中，振动筛包括旋涡式振动筛和直线式振动筛。振动筛主要利用振动使物料通过筛网；旋转筛则是在推进器或叶片的作用下让物料通过筛网，完成筛分；摇动筛最简单，通过单一的摇动方式使物料通过筛网。

2. 常用过筛设备

（1）旋涡式振动筛

旋涡式振动筛又称为旋振筛，体积小，质量轻，分离效率高，粉尘不飞扬，处理能力大，维修费用低，在生产中使用广泛。

1）主要结构。旋振筛（见图 2－8）主要结构包括筛网、振动室、联轴器、电机等。振动室内则有偏心重锤、橡胶软件、主轴、轴承等。

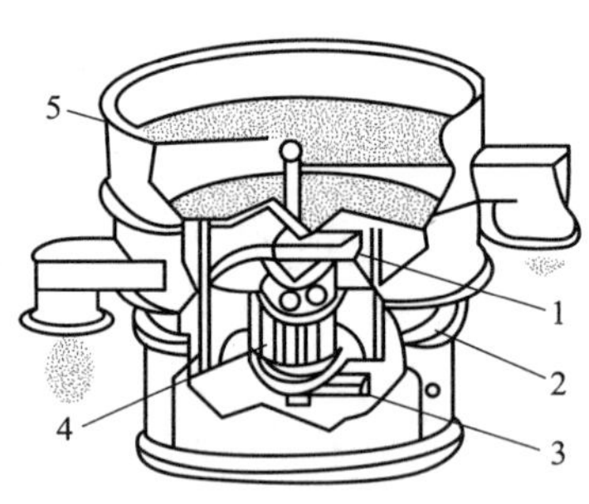

图 2－8　旋振筛

1—上部重锤　2—弹簧　3—下部重锤　4—电机　5—筛网

2）工作原理。旋振筛是用直立式电机作为激振源，电机的上、下两端安装有偏心重锤，电机转动时受偏心重锤的作用，旋转运动转变为水平、垂直、倾斜的三次元运动，同时传递给筛网。通过调节上、下两端的相位角，可以改变物料在筛网上的运动轨迹。筛网的振荡使物料在筛内形成轨道旋涡，粗料由上部排出口排出，筛分的细料由下部排出口排出。

3）设备使用。基本使用方法如下：

① 按工艺要求选择、安装筛网。

② 盛料袋捆扎于出料口。

③ 根据生产要求和物料的性质，调节偏心重锤的偏心角度（0 ~ 90°）。

④ 开机空转 2 ~ 3 min，运转正常后，将物料从加料口加入过筛。

⑤ 生产结束后，停止加料，待不再出料后停机，切断电源，清场。

4）维护保养。基本维护保养方法如下：

① 检查机体振动情况，检查各部位螺栓，发现松动应及时处理。

② 每班使用完后应将旋振筛内残留物清理干净，保持整机的整洁。

③ 每班检查筛网，出现破裂及时更换，以免有金属屑落入物料中。

④ 每月检查电控柜与主机接地线，确保接地良好，不得有漏电现象发生。

⑤ 每季度检查电机的连接，使之随时保持紧固状态。

⑥ 每年检查电机轴承并为其加油，检查电机接线盒端子是否牢固。

（2）直线式振动筛

直线式振动筛主要结构包括筛箱、筛网、筛框、弹簧、支座、电机等，如图 2 - 9 所示。直线式振动筛利用弹簧对筛网所产生的上下振动而筛选粉末。操作时，物料由加料口加入，分布在筛网上，电机带动弹簧使筛网发生振动，对物料进行筛选。

直线式振动筛的振动方式较单一，物料在筛网的运动轨迹简单，故适用于无黏性的药材粉末或化学物的过筛。

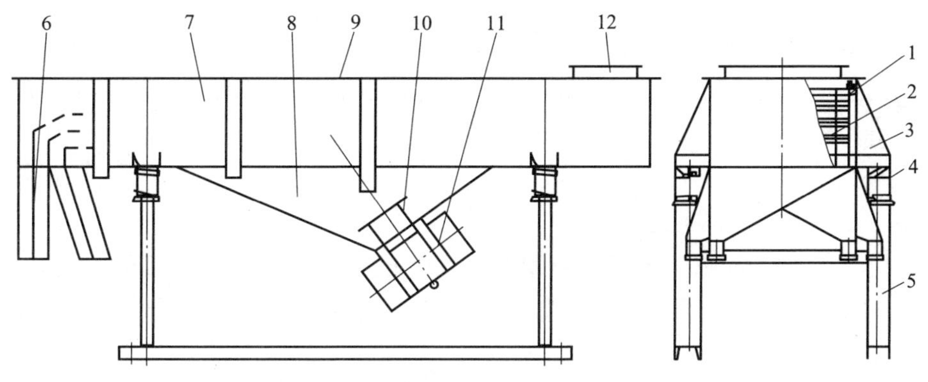

图 2 - 9　直线式振动筛主要结构

1—筛框　2—筛网　3—上弹簧座　4—弹簧　5—底腿　6—出料口
7—筛体　8—传力板　9—上盖　10—电机座　11—电机　12—加料口

（3）摇动筛

摇动筛主要由药筛和摇动装置组成，摇杆、连杆和偏心轮构成摇动装置，如图 2 - 10 所示。摇动筛利用偏心轮及连杆使药筛做往复运动，通常，药筛的运动方向垂直于摇杆。

使用时，将目数最大的药筛放在粉末接受器上，其他药筛按目数大小依次向上排列，目数最小的药筛放在顶上，然后把物料放入最顶部的筛网中，盖上盖子，固定在摇动台上，启动电机摇动和振荡数分钟，即可完成对物料的过筛。

摇动筛的处理量和筛分效率都较低，故大生产中一般不用。该设备多用于实验室小量生产，也适用于筛分具有毒性、刺激性的药粉或质轻的药粉，可避免粉尘飞扬。另外，摇动筛

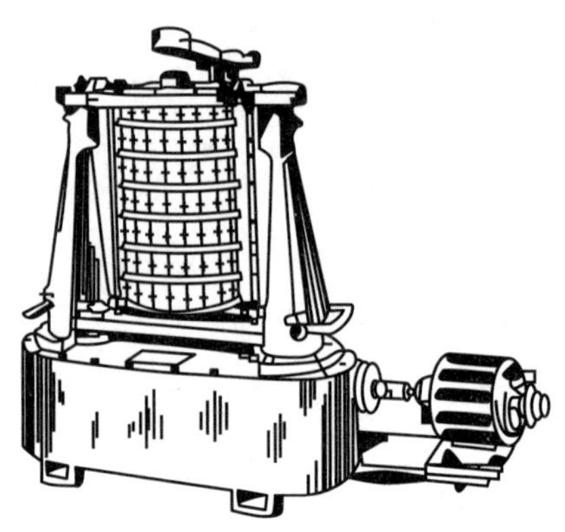

图 2－10　摇动筛

也常用于实验中药物粉末粒度分布的测定。

（4）旋转筛

旋转筛由机座、机壳、进出料推进装置、电机等组成。加料斗中的物料在螺旋推进器的作用下进入筛箱，受到分流叶片的不断翻动，物料在筛箱内不断更新推进，细料在筛网中落下，粗料则继续前进并在粗料口中被推出。

旋转筛特别适用于纤维多、黏度大、湿度高、有静电、易结块等物料的过筛。旋转筛操作方便，易更换筛网，对中药材细粉筛分效果较好，应用范围广泛。

三、混合设备

1. 概述

（1）混合的定义

混合是指将两种或两种以上的物料相互交叉分散均匀的操作。其目的是使含量均匀一致，使处方组分均匀分散、色泽一致，以保障剂量准确和用药安全。混合是固体制剂生产的基本单元操作之一。

固体物料混合机制主要有以下 3 种：对流混合、剪切混合、扩散混合等。常用的混合方法有搅拌混合、研磨混合、过筛混合等。

（2）混合设备的分类

根据设备类型可将混合设备分为固定型混合机和旋转型混合机，根据操作方式可将混合设备分为间歇式混合设备和连续式混合设备。

1）固定型混合机。固定型混合机的特征是容器内安装有螺旋桨、叶片等机械搅拌装置，利用搅拌装置对物料所产生的剪切力使物料混合均匀。常见设备有槽形混合机、双螺旋锥形混合机、圆盘形混合机等。

2）旋转型混合机。旋转型混合机的特征是有一个可以转动的混合筒，依靠混合筒本身的回转作用带动物料上下运动而使物料混合。混合筒安装于水平轴上，形状可以是圆筒形、双圆锥形或 V 形等。常见设备有 V 形混合机、双圆锥形混合机、二维运动混合机、三维运动混合机等。

2. 常用混合设备

（1）V 形混合机

V 形混合机的料筒结构独特，呈大写的 V 字状，料筒内物料以对流混合为主，混合速度快且均匀，混合效率高。V 形混合机主要适用于流动性较好的干性粉状或颗粒状物料的均匀混合，在生产中应用广泛。

1）主要结构。如图 2－11 所示，V 形混合机结构主要有水平旋转轴、支架、V 形料筒、驱动系统等。V 形混合机的 V 字交叉角为 80°或 81°。

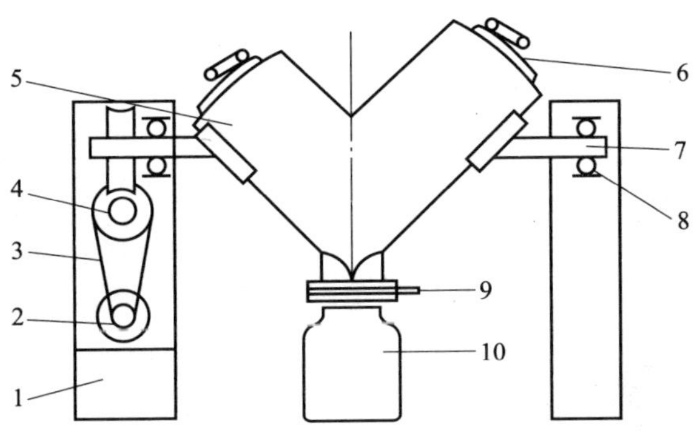

图 2－11　V 形混合机结构

1—机座　2—电机　3—皮带　4—蜗轮蜗杆　5—V 形料筒
6—料筒盖　7—旋转轴　8—轴承　9—出料口　10—盛料器

2）工作原理。工作时，V 形料筒在电机驱动的蜗轮蜗杆的作用下绕水平轴转动，物料在 V 形料筒内的运动状态主要有两种：当 V 字的尖头朝下的时候，物料聚集在 V 字的下端；当 V 字的尖头朝上的时候，物料会被分开。因此，随着料筒的持续旋转，物料会反复分开和聚集，形成对流循环混合的效果，在较短的时间内混合均匀。

3）设备使用。基本使用方法如下：

① 点动设备，使 V 形料筒加料口朝上，并检查出料口是否已关闭。

② 打开加料口，加料后，关闭加料口并锁紧。

③ 启动设备，设置混合时间，调节转速至工艺要求。

④ 混合完毕后，停机并使出料口垂直朝下，将盛料器置于出料口下，打开出料口，放出物料。

⑤ 生产结束后关闭电源，清场。

4）维护保养。基本维护保养方法如下：

① 每班次工作完成后，检查加料口是否密封，出料口是否密封，出料阀是否轻便。

② 定期检查各部位螺栓，不允许出现松动现象。

③ 每月检查电控柜与主机接地线，确保接地良好。

④ 每季度检查皮带磨损情况，必要时更换皮带。

⑤ 每半年打开轴承上的遮板，对前、后轴承加润滑油，转动部位应加耐高温的润滑油。

（2）三维运动混合机

三维运动混合机是一种新型的容器旋转式混合机，如图 2 - 12 所示。三维运动混合机具有混合均匀度高，物料装载系数大，易出料，易清洗等特点，对有湿度、柔软性和相对密度不同的颗粒和粉状物的混合均能达到最佳效果。因此，三维运动混合机广泛应用于制药、食品、化工等行业。

1）主要结构。设备主要由机座、驱动系统、三维运动机构、混合筒及电气控制系统组成。混合筒是两端为锥形的圆筒，筒身与两个带有万向节的轴连接，其中一个轴为主动轴，另一个轴为从动轴，如图 2 - 13 所示。

图 2 - 12　三维运动混合机

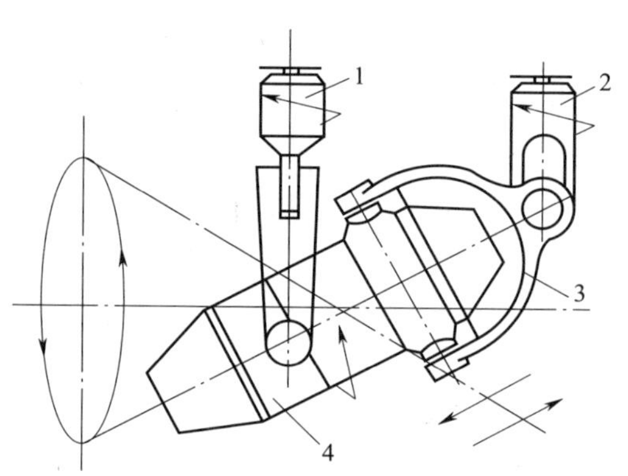

图 2 - 13　混合筒结构

1—主动轴　2—从动轴　3—万向节　4—混合筒

2）工作原理。工作时主动轴旋转，由于两个万向节的夹持，混合筒进行自转的同时进行公转和翻转，做复杂的空间运动。被混合物料在频繁和迅速的翻动作用下，进行着物料间扩散、流动与剪切，使物料由各自状态达到互相掺杂状态。此外，混合筒的翻转运动又使物料在无离心力作用下混合，进一步减少了密度偏析，保障混合物在短时间内达到理想的混合要求。故该设备混合均匀度高，物料装载系数大，特别是在物料间密度、形状、粒径差异较大时可得到很好的混合效果。

3）设备使用。基本使用方法如下：

① 试运行无异常现象后，停机，并使装卸料口朝上。

② 松开装卸料口抱箍及封堵片，装入物料，将装卸料口关闭并锁牢。

③ 开机，设置混合速度，按工艺要求混合一定时间。

④ 混合完毕后，停机，使装卸料口垂直朝下，将盛装物料的容器置于装卸料口下，打开装卸料口，放出物料。

⑤ 生产结束后关闭电源，清场。

4）维护保养。基本维护保养方法如下：

① 定期检查各部位螺栓。

② 轴承及链条要经常加润滑油（一般间隔 48 h）。

③ 设备的各传动接触部位，每 3 个月应加润滑油、润滑脂。

④ 新设备运行 3 个月后应更换润滑油、润滑脂，以后每半年更换一次。

⑤ 每月对电气检修一次，每年对机械、电气大修一次。

（3）槽形混合机

槽形混合机是搅拌混合的代表机型，结构简单，操作维修方便，因而得到广泛应用，但这类混合机的混合强度较小，所需混合时间较长。槽形混合机在生产中主要用于制备软材，或不同比例的干性、湿性粉状物料的混合以及半固体物料的混合。

1）主要结构。槽形混合机主要由搅拌桨、混合槽、固定轴等部件组成，是一种单桨混合设备，搅拌桨多为 S 形。槽形混合机外形和结构分别如图 2－14 和图 2－15 所示。

图 2－14　槽形混合机外形

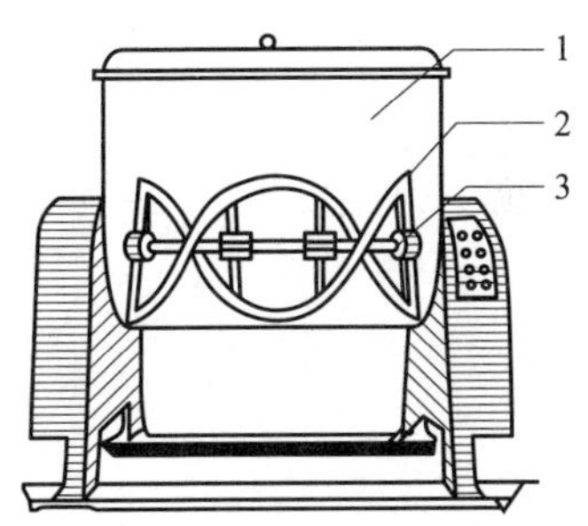

图 2－15　槽形混合机结构

1—混合槽　2—搅拌桨　3—固定轴

2）工作原理。工作时，搅拌桨在主电机驱动的减速器带动下旋转，槽内物料在搅拌桨的作用下被从两端推向中心，又由中心推向两端，在槽内上下翻滚，以对流混合为主。由于搅拌桨是 S 形，在混合槽的左、右两侧会产生一定角度的推挤力，使混合槽两端的物料混合较好，而中部的物料运动不均匀，因此需要的混合时间较长。卸料时，混合槽可绕水平轴转动，使混合槽倾斜 105°，便于物料的倾倒。

3）设备使用。基本使用方法如下：

① 空机运转 1～2 min，检查是否有异常情况。

② 投料，盖上盖板。

③ 开机，按工艺要求混合一定时间。

④ 混合结束后，关机，使混合槽适当倾斜，倒出槽内物料至容器中。

⑤ 切断电源，清场。

4）维护保养。基本维护保养方法如下：

① 每批药品生产完毕后，应及时进行清洁，以便维护保养。

② 轴承、螺栓等易生锈的部位应经常性加注润滑油。

③ 搅拌桨被动端的润滑油每班加油 2 次，搅拌驱动器齿轮电机油槽中的油位要保持在适当水平。

④ 每 3 个月检查一次搅拌器、安全开关、电机、润滑装置等。

（4）双螺旋锥形混合机

双螺旋锥形混合机以搅拌混合为主，对混合物料适应性强，混合过程温和，不会将物料颗粒压碎，特别适用于相对密度悬殊、粉体颗粒较大的物料。另外，该设备也适用于热敏性物料的混合。

1）主要结构。双螺旋锥形混合机主要由转臂、锥形筒体、螺旋杆部件、传动系统等部件组成，如图 2－16 所示。

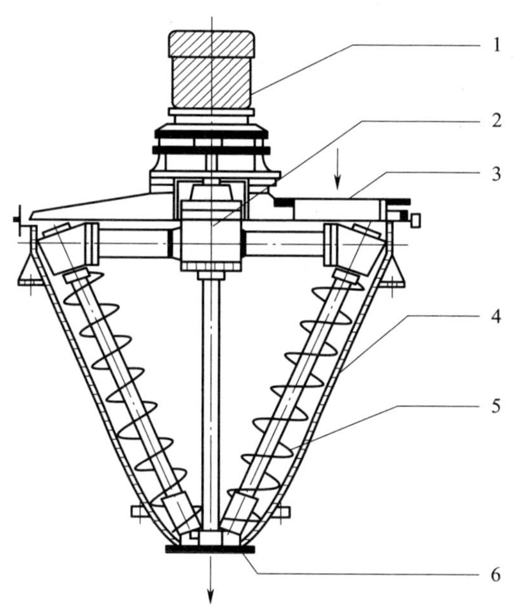

图 2－16　双螺旋锥形混合机

1—减速器　2—转臂　3—加料口　4—锥形筒体　5—螺旋杆部件　6—出料口

2）工作原理。工作时，整个锥形筒体做慢速公转运动，而筒体内的两个非对称螺旋杆则自转将物料由锥形筒体底部向上提升，物料被提升到顶部时空间变开阔，两股物料会向中心凹陷处汇合，形成一股向下的物料流，补充了底部的空缺。如此循环往复，使物料不断更新扩散，形成对流循环的三重混合效果。

思考与练习

1. 为什么万能粉碎机必须空转一段时间才能投料粉碎？
2. 为什么气流式粉碎机适合粉碎热敏性、低熔点的物料？
3. 旋振筛的振动是如何产生的？
4. 三维运动混合机有哪些特点？
5. 槽形混合机的工作原理是什么？
6. 简述 V 形混合机的主要结构。

§2-2　公用系统生产设备

学习目标

1. 掌握制药用水生产工艺。
2. 熟悉常见制药用水生产设备的结构及设备的日常维护与保养。
3. 能按照制药用水生产设备 SOP 正确操作和使用设备。
4. 掌握常见空气净化设备的结构和基本原理。
5. 熟悉净化空调系统的组成及日常维护与保养。
6. 掌握工艺用气设备的结构和基本原理。
7. 熟悉常用工艺用气设备的日常维护与保养。

一、制药用水生产设备

1. 概述

（1）制药用水分类

制药用水在制药生产中起着不可替代的作用，按照其应用范围可分为 4 种类型，即饮用水、纯化水、注射用水和灭菌注射用水。

1）饮用水。饮用水为天然水经净化处理所得的水。饮用水可作为制备纯化水的原水，亦可用于设备、容器、口服剂瓶子初洗，化学合成初始阶段用水以及中药材与中药饮片的清洗、浸润和提取。

2）纯化水。纯化水为饮用水经蒸馏法、离子交换法、反渗透法或其他适宜的方法制得的制药用水。纯化水可作为制备注射用水或纯蒸汽的水源，亦可用于非无菌药品生产中与药品直接接触的设备、器具和包装材料的最后洗涤，以及注射剂或无菌药品瓶子的初洗、非无菌药品或口服剂的配料等。

3）注射用水。注射用水为纯化水经蒸馏所得的水。注射用水主要作为注射剂、无菌冲洗剂配料和溶剂，亦可用于注射剂、无菌冲洗剂洗瓶，以及无菌原料药精制、与无菌产品及原料药直接接触的药品包装材料的最后精洗。

4）灭菌注射用水。灭菌注射用水为注射用水按注射剂生产工艺制备所得的水。灭菌注射用水主要作为无菌粉末的溶剂或注射剂的稀释剂。

（2）生产工艺

制药用水生产主要是将饮用水转化为纯化水，而后进一步加工成为注射用水。较为常用的制药用水生产工艺有二级反渗透、反渗透组合离子交换、反渗透组合电去离子 3 种。

1）二级反渗透制药用水生产工艺：原水→原水箱→原水泵→石英砂过滤器→活性炭过

滤器→软化器→一级高压泵→一级反渗透装置→二级高压泵→二级反渗透装置→纯水箱→精滤器→纯化水→多效蒸馏水机→注射用水。

2）反渗透组合离子交换制药用水生产工艺：原水→原水箱→多介质过滤器→活性炭过滤器→保安过滤器→高压泵→反渗透装置→中间水箱→中间水泵→混床→除盐水箱→除盐水泵→紫外灭菌器→精滤器→纯化水→多效蒸馏水机→注射用水。

3）反渗透组合电去离子制药用水生产工艺：原水→原水箱→原水泵→石英砂过滤器→活性炭过滤器→软化器→软化水箱→增水泵→一级高压泵→一级反渗透装置→二级高压泵→二级反渗透装置→中间水箱→过滤器→紫外灭菌器→电去离子装置→纯化水箱→纯化水→多效蒸馏水机→注射用水。

2. 纯化水生产设备

根据纯化水生产工艺，纯化水生产设备主要包括预处理设备、去离子（脱盐）设备、后处理设备三大部分。预处理设备可以除去原水中的悬浮物、不溶性颗粒、余氯等杂质。去离子设备可除去原水中呈离子形式的杂质，即脱去原水中盐分得到纯化水，常用的有反渗透、离子交换、电渗析、电去离子等设备。后处理设备可以进一步杀灭水中微生物，净化纯化水。

（1）预处理设备

1）机械过滤器。机械过滤器主要由壳体、过滤介质与连接管路组成。根据过滤介质的不同，机械过滤器分为石英砂过滤器、多介质过滤器、活性炭过滤器、锰砂过滤器等。机械过滤器工作原理：原水在一定的压力作用下，通过过滤介质滤除水中悬浮物、不溶性颗粒，除去色味并脱氯，从而达到净化的目的。在净化一定量原水后，通过反冲洗方式对过滤介质进行净化清洗，可使过滤介质恢复过滤功能。

2）软化器。软化器由软化罐内填充钠型阳离子交换树脂而成。软化过程中，水中的钙、镁离子被树脂中的钠离子置换出来，以防在后续水管和设备中结垢。软化器使用一段时间后，应进行再生操作，再生液是质量分数为4%～5%的氯化钠溶液。再生结束后，应用纯化水冲洗树脂中残存的再生液，冲洗40 min后，再用原水冲洗至符合用水要求，然后可以继续产水。对硬度较高原水的预处理，应加软化工序。

3）精密过滤器。精密过滤器又称保安过滤器，根据其外部壳体结构的不同分为卡箍式、法兰式、吊环式等多种形式。在内部加入不同精度的滤芯（如聚丙烯滤芯、线绕滤芯、折叠滤芯、陶瓷滤芯等），可去除水中各种微小颗粒、胶体、金属、细菌、余氯等杂质。

（2）反渗透（RO）设备

1）主要结构。反渗透设备主要由反渗透膜组件、高压泵、药洗装置、控制装置以及相关检测仪表构成。核心部件反渗透膜组件的膜材料一般为醋酸纤维素（CA）、三醋酸纤维素以及聚酰胺，其孔径极小，一般为0.1～1.0 nm，制水时水以高压透过反渗透膜，因此要求反渗透膜有一定的强度。根据反渗透膜的形式，反渗透膜组件可分为螺旋卷式、中空纤维式、管式、板式4种类型。制药用水生产中螺旋卷式、中空纤维式两种组件较为常用，如图2－17、图2－18所示。

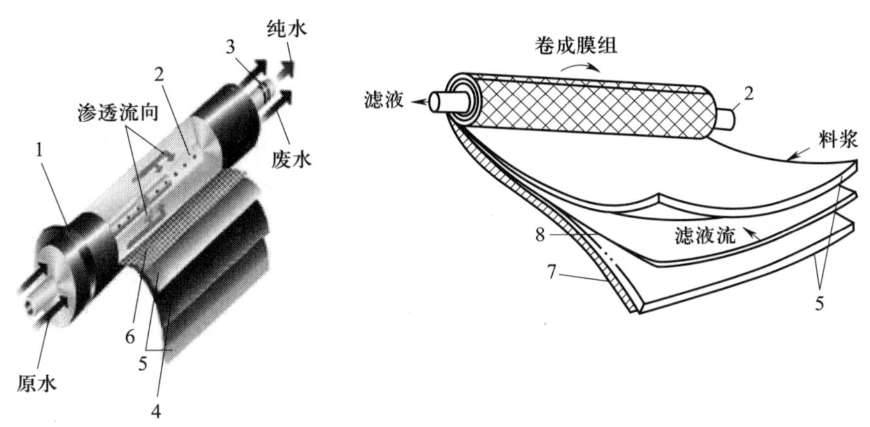

图 2－17　螺旋卷式反渗透膜组件

1—止水带　2—集水管　3—防渗环　4—透过水道网　5—RO 膜　6—原水导流网　7—料液隔网　8—多孔支撑材料

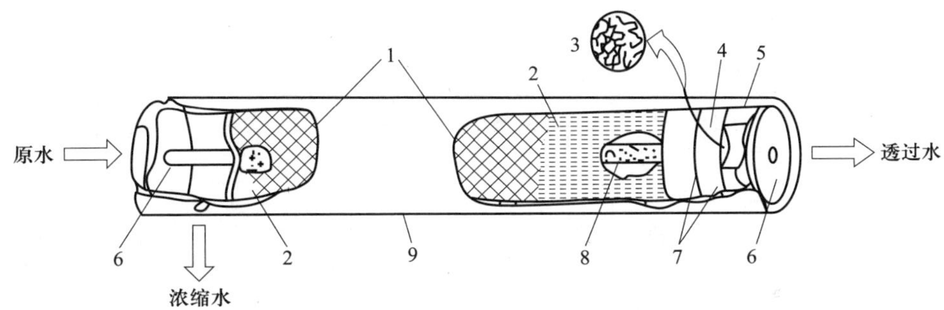

图 2－18　中空纤维式反渗透膜组件

1—隔网　2—中空纤维　3—中空纤维端部　4—环氧树脂管板

5—多孔支撑板　6—端板　7—密封隔圈　8—原水分布管　9—外壳

2）工作原理。如图 2－19 所示，一个容器中间用半透膜隔开，两侧分别加入淡水和盐水，此时淡水侧水分子会透过半透膜扩散到盐水一侧，这种现象称为渗透。两侧液柱的高度差表示此盐水所具有的渗透压。当外界给盐水一侧加压时，由于外压大于渗透过程的渗透压，盐水侧水分子被强制通过半透膜进入淡水侧，此过程与渗透相反，称为反渗透。反渗透是利用选择透过性膜只允许水分子自由通过，而不允许水中溶质分子通过的性质，在膜两侧高压作用下从原水中将纯水分离出来的过程。

反渗透制水过程为常温操作，操作过程没有相变，设备不会腐蚀，也不会结垢。制水设备体积小，操作简单，单位体积产水量高，过程连续稳定，且能源消耗低，对环境无污染。但反渗透膜对原水质量要求较高，原水中悬浮物、有机物、微生物等均会降低膜的使用效果，因此应先对原水进行预处理。

3）二级反渗透器。一般，一级反渗透能除去 90% ~95% 的一价离子、98% ~99% 的二价离子，但除去氯离子的能力达不到《中华人民共和国药典》的要求，只有二级反渗透才能彻底地除去氯离子，故药品生产企业普遍采用二级反渗透器制备纯化水。图 2－20 所示为常见的二级反渗透器制备纯化水工艺流程。

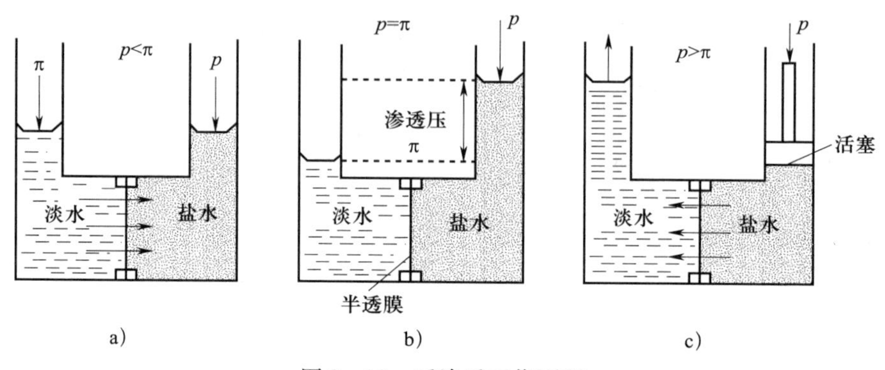

图 2－19　反渗透工作原理

a）正常渗透　b）渗透平衡　c）反渗透

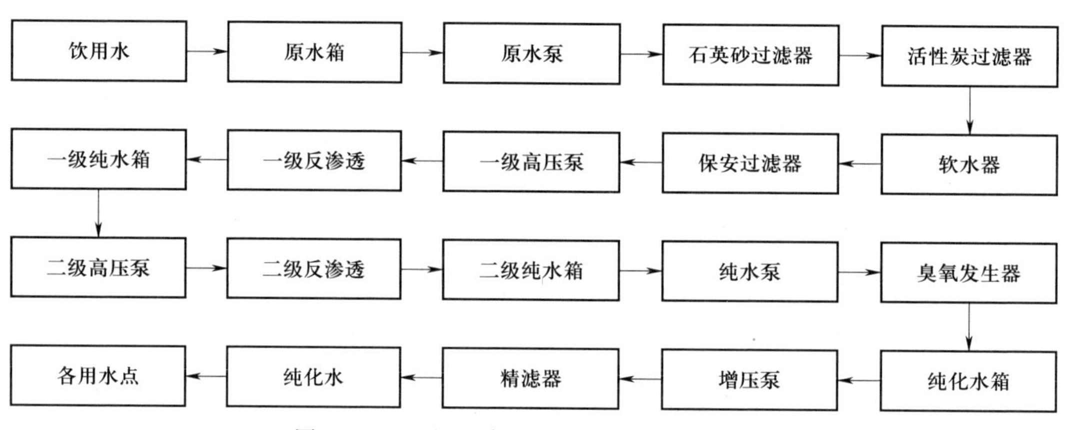

图 2－20　二级反渗透器制备纯化水工艺流程

（3）离子交换设备

1）主要结构。离子交换设备主体为离子交换树脂柱，常用有机玻璃或内衬橡胶的钢制圆筒制成。一般，产水量在 5 m^3/h 以下时，常用有机玻璃制造，其柱高与柱径之比为 5～10；产水量较大时，材质多为钢衬胶或复合玻璃钢的有机玻璃，其柱高与柱径之比为 2～5。如图 2－21 所示，在每个离子交换树脂柱的上、下端分别有一块布水板，此外，从柱的顶部至底部分别设有进水口、上排污口、树脂装入口、树脂排出口、下出水口、下排污口等。上排污口工作时用以排空气，在再生和反洗时用以排污。下排污口在工作前用以通入压缩空气使树脂松动，正洗时用以排污。

阳柱及阴柱内离子交换树脂的填充量一般占柱高的 2/3。混合柱中阴离子交换树脂与阳离子交换树脂通常按照 2∶1 的比例混合，填充量一般占柱高的 3/5。

2）工作原理。离子交换树脂是一类具有离子交换功能的高分子材料。在溶液中它能将本身的离子与溶液中的同号离子进行交换。按交换基团性质的不同，离子交换树脂可分为阳离子交换树脂和阴离子交换树脂两类。

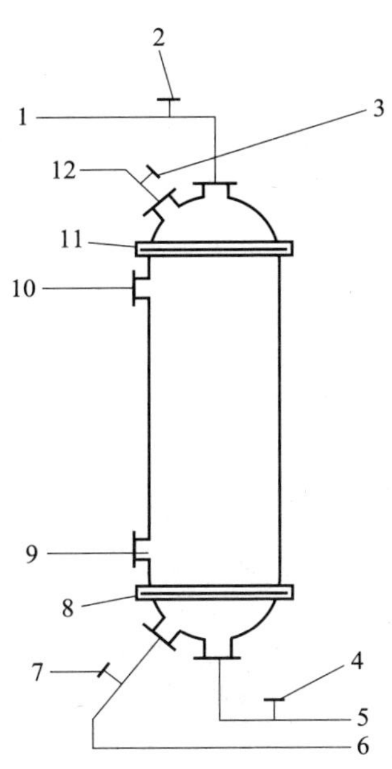

图 2－21　离子交换树脂柱

1—进水口　2—进水阀　3—排气阀　4—出水阀　5—下出水口　6—下排污口　7—正洗排水阀　8—下布水板　9—树脂排出口　10—树脂装入口　11—上布水板　12—上排污口

例如，732 型苯乙烯强酸性阳离子交换树脂，极性基团为磺酸基，可用简式 $R-SO_3H^+$（氢型）或 $R-SO_3Na^+$（钠型）表示。钠型稳定，便于保存，临用前须转化为氢型。其交换原理为：

$$2R-SO_3H^+ + Ca^{2+} \rightarrow (R-SO_3)_2Ca^{2+} + 2H^+$$

例如，717 型苯乙烯强碱性阴离子交换树脂，极性基团为季铵基，可用简式 $R-N^+(CH_3)_3OH^-$（氢氧型）或 $R-N^+(CH_3)_3Cl^-$（氯型）表示。氯型稳定，便于保存，临用前须转化为氢氧型。其交换原理为：

$$R-N^+(CH_3)_3Cl^- + OH^- \rightarrow R-N^+(CH_3)_3OH^- + Cl^-$$

新树脂投入使用前，应进行预处理及转型。在离子交换器运行一个周期后，树脂达到交换平衡，失去交换能力，则应活化再生。阳离子交换树脂可用稀盐酸、稀硫酸等溶液淋洗，阴离子交换树脂可用氢氧化钠等溶液处理，进行再生。

离子交换法的优点是水的除盐率高，化学纯度高，设备简单，节约能量，成本低，对热原和细菌也有一定的清除作用。缺点是对新树脂需要进行预处理，老化后的树脂需要再生处理，消耗大量的酸碱。

（4）电渗析设备

1）主要结构。电渗析器是由阴、阳离子交换膜及直流电极、隔板等部件组成的多层隔室。离子交换膜是电渗析的核心部件，是一种膜状的离子交换树脂。在电渗析中使用的离子交换膜，实际上并不起离子交换作用，而是起离子选择透过作用，更确切地应将其称为离子选择性透过膜。隔板构成的隔室为液体流经的通道，淡水经过的隔室为脱盐室，浓水经过的隔室为浓缩室。

2）工作原理。如图 2－22 所示，在外加直流电场的作用下，当含有盐分的水流经阴、阳离子交换膜和隔板组成的隔室时，水中的阴、阳离子开始定向移动，阴离子向阳极方向移动，阳离子向阴极方向移动。由于离子交换膜具有选择透过性，阳离子交换膜只允许水中的阳离子通过，阴离子交换膜只允许水中的阴离子通过，致使淡水隔室中的离子迁移到浓水隔室中去，从而达到脱盐的目的。

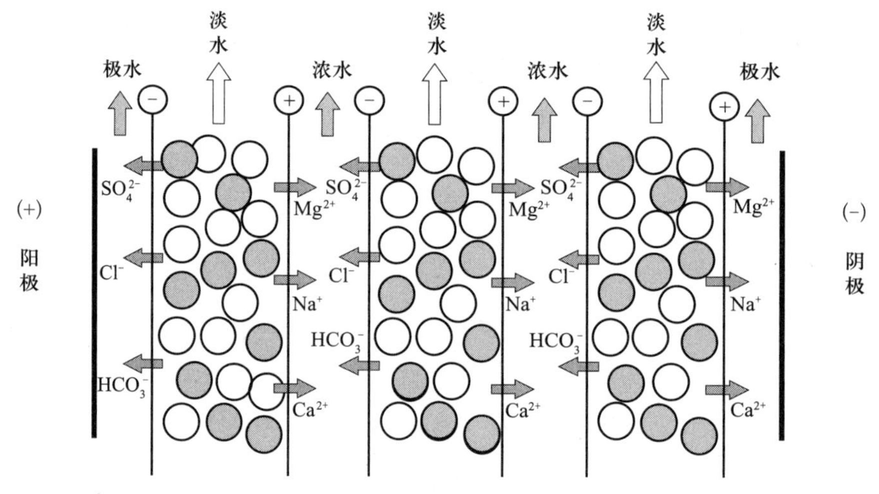

图 2－22　电渗析器工作原理

电渗析器的优点是加工制造和部件更换都比较容易，便于清洗；缺点是组装比较麻烦。该技术广泛应用于海水、苦咸水淡化，锅炉及动力设备给水的软化除盐，电子、化工、医药、饮料、食品等工艺用水的处理。由于其回收率低、维护较麻烦，在超纯水制造中已较少使用。

（5）电去离子（EDI）设备

1）主要结构。电去离子是一种将电渗析与离子交换有机结合在一起的制水工艺，它利用电渗析过程中的极化现象对离子交换填充床进行电化学再生，集中了电渗析和离子交换法的优点，并克服了两者的缺点。电去离子设备由淡水室、浓水室、极水室、离子交换膜、混合离子交换树脂、绝缘板、压紧板、电极等组成。电去离子设备外形如图 2－23 所示。

图 2－23　电去离子设备外形

2）工作原理。如图 2－24 所示，淡水室内填充混合离子交换树脂，给水中的离子由该室除去；淡水室和浓水室之间装有阴离子交换膜或阳离子交换膜，淡水室中阴（阳）离子在两端电极作用下不断通过阴（阳）离子交换膜进入浓水室；水分子在直流电能的作用下分解成 H^+ 和 OH^-，使淡水室中混合离子交换树脂时刻处于再生状态，因而一直保持有交换容量，而浓水室中含阴、阳离子的浓水不断被排走。因此，电去离子设备在通电状态下可以不断地制出纯水，其内填的树脂无须使用工业酸、碱进行再生。电去离子设备的每个制水单元均由一组树脂、离子交换膜和有关的隔网组成。每个制水单元串联起来，并与两端的电极组成一个完整的电去离子设备。

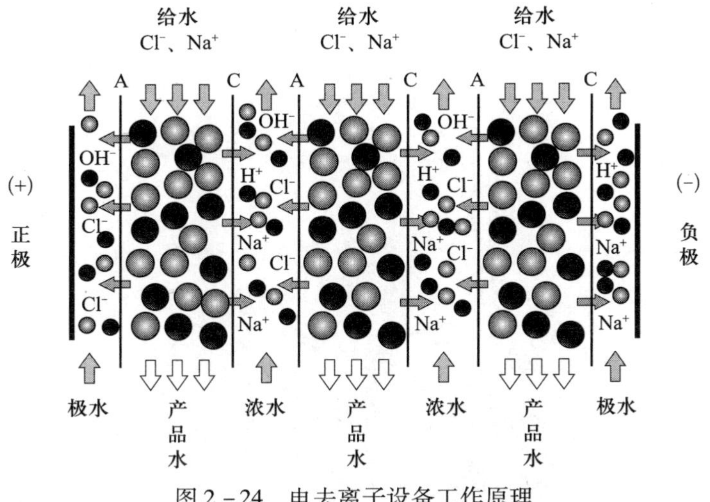

图 2－24　电去离子设备工作原理

电去离子设备与常规的离子交换床的不同之处，主要在于再生方法不同。前者由于直流电能的作用使水分子分解成 H^+ 和 OH^-，树脂随时处于再生状态；后者须使用传统的工业酸碱再生，要使用一套单独的酸碱再生系统。

（6）后处理设备

1）臭氧发生器。臭氧发生器是用于制取臭氧的设备。臭氧发生器产生的臭氧可对纯水箱及纯水管道进行灭菌消毒。按臭氧产生的方式划分，臭氧发生器主要有 3 种：高压放电式、紫外线照射式、电解式。高压放电式臭氧发生器是纯水系统中较为常用的类型。该类臭氧发生器使用一定频率的高压电流制造高压电晕电场，使电场内或电场周围的氧分子发生电化学反应，从而制造臭氧。

2）紫外灭菌器。紫外灭菌器是利用紫外线光破坏水中各种病毒、细菌以及其他致病体的 DNA（脱氧核糖核酸）结构，使 DNA 中的各种结构键断裂或发生光化学聚合反应，从而使各种病毒、细菌以及其他致病体丧失复制繁殖能力，达到灭菌的效果。过流式（管道式）紫外灭菌器主要由紫外线灯管、石英玻璃套管、镇流器电源、不锈钢机体、时间累计显示仪、紫外线强度监测仪、控制箱等组成。

3）终端过滤器。采用过滤精度较高的精密过滤器，进一步处理紫外灭菌器杀菌后的纯水。

3. 注射用水生产设备

根据注射用水制备工艺，注射用水生产设备的主机是蒸馏水机。蒸馏水机主要由蒸发锅、除沫装置和冷凝器 3 部分构成。蒸馏水机可分为多效蒸馏水机和气压式蒸馏水机两大类，其中多效蒸馏水机又可分为列管式、盘管式和板式 3 种类型。

(1) 多效蒸馏水机

1) 主要结构。多效蒸馏水机是由多个蒸馏水器串接而成的，每个蒸馏水器单体即为一效。各蒸馏水器可以垂直串接，也可水平串接。其结构主要由蒸馏塔、冷凝器及控制元件组成，外形、结构如图 2－25、图 2－26 所示。

图 2－25 多效蒸馏水机外形

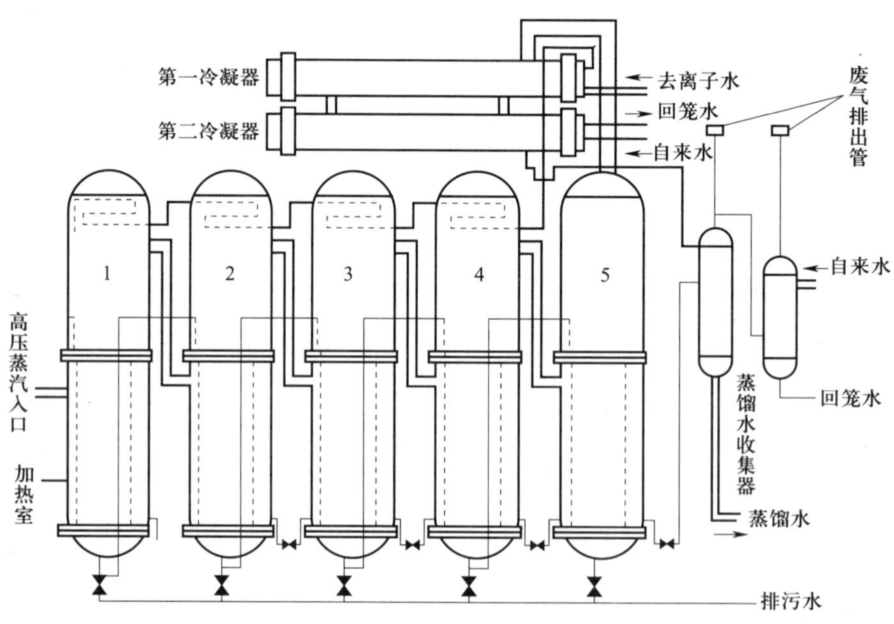

图 2－26 多效蒸馏水机结构

2) 工作原理。以五效蒸馏水机为例，其工作原理如下：进料水（纯化水）进入冷凝器被 5 级塔进来的蒸汽预热，再依次通过 4 级塔、3 级塔、2 级塔及 1 级塔上部的盘管而进入

1 级塔，这时进料水温度可达到 130 ℃或更高。在 1 级塔内，进料水被高压蒸汽（165 ℃）进一步加热，部分迅速蒸发，蒸发的蒸汽进入 2 级塔，作为 2 级塔的热源，高压蒸汽被冷凝后由器底排出。在 2 级塔内，由 1 级塔进入的蒸汽将 2 级塔的进料水蒸发而本身冷凝为蒸馏水，3 级、4 级和 5 级塔经历同样的过程。最后，由 2、3、4、5 级塔产生的蒸馏水加上 5 级塔的蒸汽被冷凝器冷凝后得到的蒸馏水（80 ℃）均汇集于蒸馏水收集器，即成为符合要求的注射用水。进料水经蒸发后所聚集的含有杂质的浓缩水从最后的蒸发器底部排出，废气则自排气管排出。

多效蒸馏水机的工作效能主要取决于加热蒸汽的压力和效数。一般，效数越多，热利用率就越高，压力越大，则产量越高。但随着效数的增加，设备投资和操作费用亦随之增大，且超过 5 效后，节能效果的提高并不明显。实际生产中，多效蒸馏水机一般采用 3 ~ 5 效。

（2）气压式蒸馏水机

1）主要结构。气压式蒸馏水机又称热压式蒸馏水器，主要由蒸发冷凝器及压缩机组成，另外还有附属设备换热器、泵等，如图 2 – 27 所示。

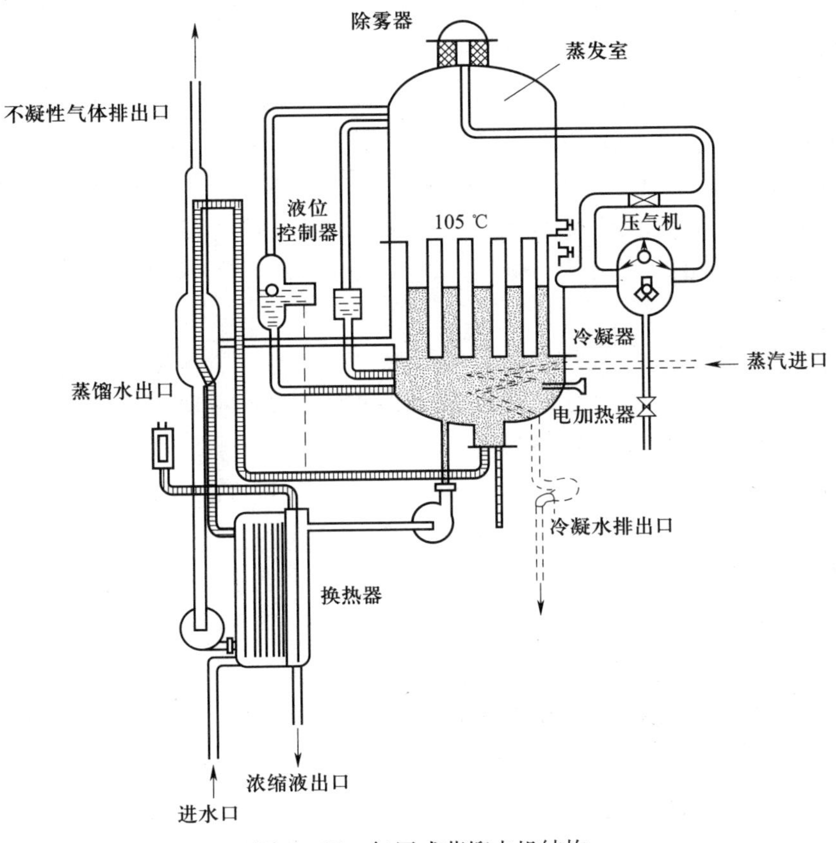

图 2 – 27　气压式蒸馏水机结构

2）工作原理。原水经加热后沸腾汽化，产生二次蒸汽，二次蒸汽被压缩，其压力、温度同时升高。压缩的蒸汽冷凝，其冷凝液就是所制备的蒸馏水，蒸汽冷凝所释放出的潜热作为加热原水的热源使用。

该机主要特点是产水量大，自动化程度较高；蒸发室内蒸汽压高，蒸汽与冷凝管内温差大，有利于清除热原，同时机内增设除雾器，可使蒸汽再次净化；不需冷却水，蒸汽量消耗少。其缺点是有传动和易磨损部件，维修量大，调节系统复杂，且启动慢，有噪声，占地面积大。

二、净化空调系统

1. 概述

GMP 规定，制剂生产车间应当根据药品品种、生产操作要求及外部环境状况等配置净化空调系统，使生产区有效通风，并有温度、湿度控制和空气净化过滤装置，保障药品的生产环境符合要求。洁净室用净化空调系统与一般空调系统相比有以下特征：

（1）净化空调系统所控制的参数除一般空调系统控制的室内温、湿度之外，还包括房间的洁净度和压力等参数，并且温度、湿度的控制精度较高。

（2）净化空调系统的空气处理过程包括对空气进行预过滤、中间过滤、末端过滤等，还必须进行温度和湿度处理。

（3）在洁净室的气流分布、气流组织方面，要尽量限制和减少尘粒的扩散，减少二次气流和涡流，使洁净的气流不受污染，以最短的距离直接送到工作区。

（4）为确保洁净室不受室外污染或邻室的污染，洁净室与室外或邻室必须维持一定的压差（正压或负压），压差应在 10 Pa 以上，这就要求有一定的正压风量或一定的排风。

（5）净化空调系统的风量较大（换气次数一般 10 次至数百次），相应的能耗较大，系统造价也较高。

（6）净化空调系统的空气处理设备、风管材质和密封材料根据空气洁净度等级的不同都有一定的要求。风管制作和安装后必须严格按规定进行清洗、擦拭和密封处理等。

（7）净化空调系统安装完毕后应按规定进行调试，对各个洁净度区域综合性能指标进行检测，达到所要求的空气洁净度等级。对系统中的高效过滤器及其安装质量，均应按规定进行检漏等。

2. 空气净化设备

（1）空气过滤器

空气过滤器是创造空气洁净环境不可缺少的设备，也是空气净化的主要设备。空气过滤器常以单元形式构成，把滤材装进金属或木制框架内组成单个单元过滤器。使用时将单个或多个单元过滤器装到通风管的空气过滤箱内，组成空气过滤系统。根据过滤器的过滤效率，空气过滤器通常可分为初效、中效、高中效、亚高效和高效空气过滤器等。

1）初效过滤器。初效过滤器为预过滤器，用于首道过滤，主要截留 5 μm 以上的悬浮性微粒和 10 μm 以上的沉降性微粒及各种异物，防止其进入系统。因此，初效过滤器的效率计算以过滤 5 μm 为准，过滤效率可达到 20% ~80%。初效过滤器用于防止中、高效过滤器被大粒子堵塞，通常设在上风侧作为新风过滤，以延长中、高效过滤器的寿命。滤材一般采用涤纶无纺布（毡）、玻璃纤维、人造纤维、金属丝网及粗、中孔泡沫塑料等材料。外框主要有纸框、镀锌框、铝合金框、不锈钢框。制作方法大多为折叠成型。

2）中效过滤器。由于其前面已有初效过滤器截留大微粒，中效过滤器可作为一般净化系统的最后过滤器和高效过滤器的预过滤器，主要用以截留 1 ~ 10 μm 的悬浮性微粒。中效过滤器的效率计算以过滤 1 μm 为准，过滤效率达到 20% ~70%。中效过滤器一般装在高效过滤器之前，用于保护高效过滤器。滤材一般采用中、细孔泡沫塑料及人造纤维合成的无纺布（毡）、细玻璃纤维等材料，形状做成平板式或袋式。外框主要有纸框、镀锌框、铝合金框、不锈钢框等。

3）高中效过滤器。高中效过滤器可以用于一般净化系统的末端过滤器，也可用作中间过滤器，用于提高系统净化效果，更好地保护高效过滤器。高中效过滤器主要用于截留 1 ~ 5 μm 的悬浮性微粒，它的效率计算也以过滤 1 μm 为准。

4）亚高效过滤器。亚高效过滤器可以作为洁净室末端过滤器使用，达到一定的空气洁净度级别；也可以作为高效过滤器的预过滤器，以进一步提高送风洁净度；还可以作为新风的末级过滤器，以提高新风品质。亚高效过滤器主要用于截留1 μm 以下的亚微米级的微粒，其效率计算即以过滤 0. 5 μm 为准，过滤效率在 95% ~99. 9%。亚高效过滤器置于高效过滤器之前用来保护高效过滤器，常采用叠式过滤器，滤材主要采用玻璃纤维或棉短绒纤维滤纸。

5）高效过滤器。高效过滤器是洁净室最主要的末级过滤器，以实现 0. 5 μm 的洁净度级别为目的，但其效率计算习惯以过滤 0. 3 μm 为准，过滤效率在 99. 97% 以上。高效过滤器的滤材一般采用超细玻璃纤维滤纸和超细过氯乙烯滤布等材料，单元过滤器以折叠式过滤器为主，结构由外框、褶状滤材、波纹分隔板等部分组成，外框由木板、多层板、镀锌铁皮、不锈钢板等不同材料制成。波纹分隔板可用纸、铝箔、塑料等材料压制而成。滤芯制作方法大致上分为横向绕制和竖向绕制两种。高效过滤器具有效率高，阻力大，不能再生，安装方向不能倒装等特点。如果进一步细分，以实现 0. 1 μm 的洁净度级别为目的，则效率计算就以过滤 0. 1 μm 为准，称为超高效过滤器。

（2）洁净工作台

洁净工作台是一种设置在洁净室内或一般室内，可根据产品生产要求或其他用途的要求，在操作台上保持高洁净度的局部净化设备，主要由预过滤器、高效过滤器、风机机组、静压箱、外壳、台面和配套的电气元件组成。

洁净工作台按气流形式可分为水平单向流和垂直单向流，按气流循环角度可分为直流式和循环式，按用途可分为通用型和专用型等。图 2 – 28 所示为通用型洁净工作台结构，洁净度通常为 0. 3 μm 或 0. 5 μm，A 级。因洁净工作台内产生的污染物不会排向室内，这类工作台使用广泛，但不宜用于要求操作者不能遮挡作业面的场所。

3. 净化空调系统分类

净化空调系统一般可分为集中式和分散式两种类型。

（1）集中式净化空调系统

集中式净化空调系统（见图 2 – 29）主要由风机、冷却器、加热器、加湿器、粗中效过

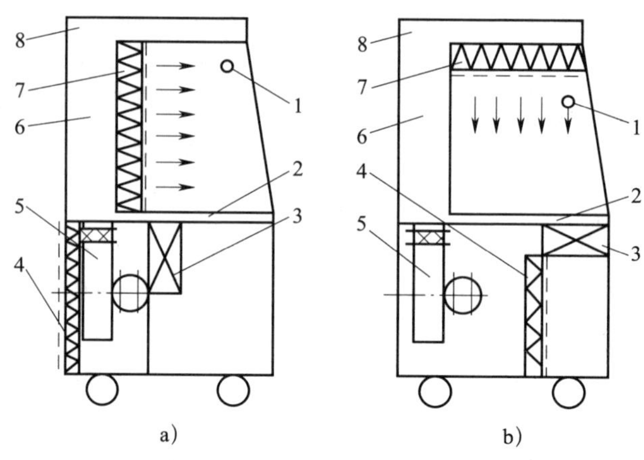

图 2－28　通用型洁净工作台结构

a）水平单向流　b）垂直单向流

1—日光灯　2—台面板　3—电气元件　4—预过滤器　5—风机机组　6—静压箱　7—高效过滤器　8—外壳

图 2－29　集中式净化空调系统

滤器、传感器和控制器等组成。净化空调系统集中设置在空调机房内，用风管将洁净空气送给各个洁净室。净化型空调机组一般设有新回风混合段与过滤段、粗效过滤段、二次回风段、表冷挡水段、蒸汽加热段、电加热段、干蒸汽加湿段、中效过滤段、均流段、消声段、风机送风段等功能段。

如图 2－30 所示，风机开动后，室内的回风和室外的新风都被吸入送风室中，空气首先经过初效过滤器，以除去大部分尘埃和细菌；过滤后的空气通过表面冷却器，空气温度下降，空气中的水分冷凝并被除去；然后通过挡水板除去雾滴，再通过风机，使空气经过蒸汽加热器，进一步调节空气温度和降低湿度；再通过蒸汽加湿器（或水加湿器）调节空气湿度，经过中效过滤器过滤后，将洁净空气由各送风管送往操作室，在送风管末端通过高效过滤器后进入操作室。室内的空气可经回风管送回送风室，与新风混合后，循环使用。

（2）分散式净化空调系统

在集中空调的环境中设置局部净化装置（微环境/隔离装置、空气自净器、层流罩、洁净工作台、洁净小室等），构成分散式送风的净化空调系统，也可称为半集中式净化空调系

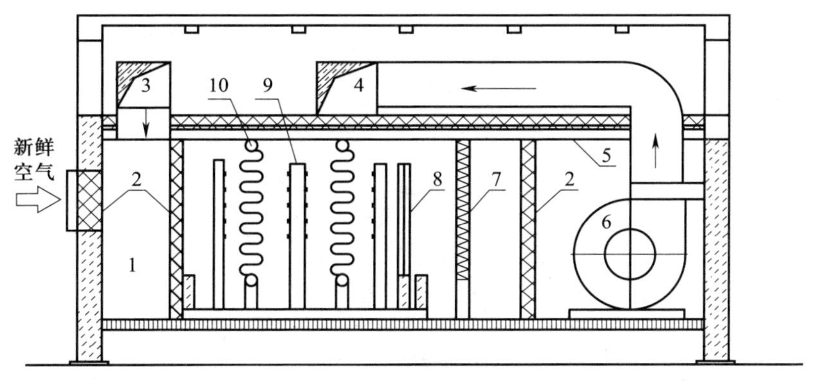

图 2－30　集中式净化空调系统结构

1—送风室　2—初效过滤器　3—回风管　4—送风管　5—混凝土板及保温层
6—鼓风机　7—加热器　8—挡水板　9—喷雾管　10—蛇管冷却器

统。在分散式柜式空调送风的环境中设置局部净化装置（高效过滤器送风口、高效过滤器风机机组、洁净小室等），构成分散式送风的净化空调系统。

三、工艺用气设备

1. 概述

药品生产企业在生产过程中需要使用各种工艺气体，如压缩空气、氮气、氧气、二氧化碳、燃气等。按照其用途，可将工艺气体分为两类：工艺用气和仪表用气。工艺用气一般与工艺相接触，有可能影响产品质量，属于直接影响系统，需要重点关注；仪表用气则主要是给设备运行提供动力，属于间接影响系统。

2. 常用工艺用气设备

（1）真空泵

在制药生产中，有许多单元操作需要在低于大气压强的情况下进行，如过滤、干燥、减压浓缩、减压蒸馏、真空抽滤、真空蒸发等。这就需要从设备或管路系统中抽出气体，使其中绝对压强低于大气压强而形成真空，完成这类任务所用的抽气设备统称为真空泵。水环式真空泵是药品生产企业常用的一种真空泵，属于旋转式真空泵，广泛用于真空过滤、真空蒸馏、减压蒸发等操作。

1）主要结构。水环式真空泵主要部件有泵壳、偏心叶轮、气体进出口、动力传输系统。泵壳制成蜗壳形，蜗壳形流道由小到大逐渐变化。叶轮上设计有辐射状前弯叶片，泵壳内装有 2/3 容积的水，叶轮沉浸在水中，进气口设计在叶轮中心部位。水环式真空泵结构如图 2－31 所示。

2）工作原理。当叶轮旋转时，在离心力作用下，叶片将水甩出，叶轮中心部位即成局部真空，从而将外界的气体吸入。被甩出的水沿蜗壳形流道形成环形水幕。水幕紧贴叶片，将两叶片间的空间密封成大小不同的空气小室。当小室增大时，小室内呈真空，气体从吸入口吸入；当小室变小时，小室内压力增大，气体由排出口排出。随着叶轮稳定转动，每个空

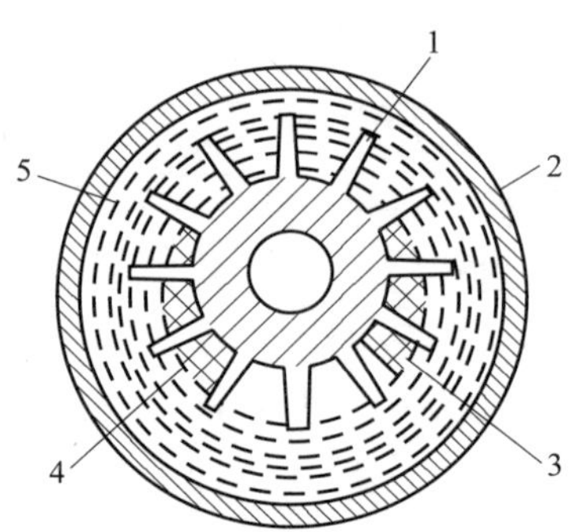

图2－31 水环式真空泵结构

1—叶片 2—泵壳 3—排出口 4—吸入口 5—水幕

气小室反复变化，使吸气、排气过程持续下去。通常，水环式真空泵可产生的最大真空度为83 kPa。

3）特点。水环式真空泵的特点是结构简单紧凑，没有阀门，很少堵塞，易于制造和维修；排气量大而均匀，无须润滑，易损件少；操作可靠，使用寿命长。水环式真空泵适用于抽吸含有液体的气体，尤其在抽吸有腐蚀性或爆炸性气体时更为适宜，不易发生危险。其缺点是效率较低，为30%～50%。为了维持泵内液封以及冷却泵体，运转时必须不断向泵内充水，所能产生的真空度受泵体中水的温度所限制。水环式真空泵也可作鼓风机用，但所产生的表压强不超过98 kPa。当被抽吸的气体不宜与水接触时，泵内可充其他液体，所以这种泵又称为液环式真空泵。

（2）空气压缩机

空气压缩机是一种用以压缩气体的设备，将原动机（通常是电动机）的机械能转换成气体压力能，从而提供气源动力。

空气压缩机按工作原理可分为容积式和速度式两大类。容积式压缩机是通过压缩气体的体积，使单位体积内气体分子的密度增大，以提高压缩空气的压力，主要有回转式和往复式两类。速度式压缩机是通过提高气体分子的运动速度，使气体分子具有的动能转化为气体的压力能，从而提高压缩空气的压力，主要有离心式和轴流式两类。

1）往复式空气压缩机。往复式空气压缩机是指通过气缸内活塞或隔膜的往复运动使缸体容积周期变化并实现气体增压和输送的一种压缩机。往复式空气压缩机主要由三大部分组成：运动机构（包括曲轴、轴承、连杆、十字头、皮带轮或联轴器等）、工作机构（包括气缸、活塞、气阀等）和机体。此外，往复式空气压缩机还配有3个辅助系统：润滑系统、冷却系统以及调节系统。单级往复式空气压缩机结构如图2－32所示，通过活塞的往复运动，使气缸的工作容积发生变化而吸气、压缩或排出气体。

往复式空气压缩机的工作过程由膨胀、吸入、压缩和压出4个阶段组成，如图2－33所示。当活塞运动到最左端时，活塞与气缸盖之间有一很小的空隙存在，此空隙称为余隙，是为了防止活塞与气缸盖相碰。图2－33中的曲线表示在各阶段中，气缸内气体压力和体积的变化情况。由于往复式空气压缩机内有余隙存在，残留的气体占据了气缸部分空间，使气缸

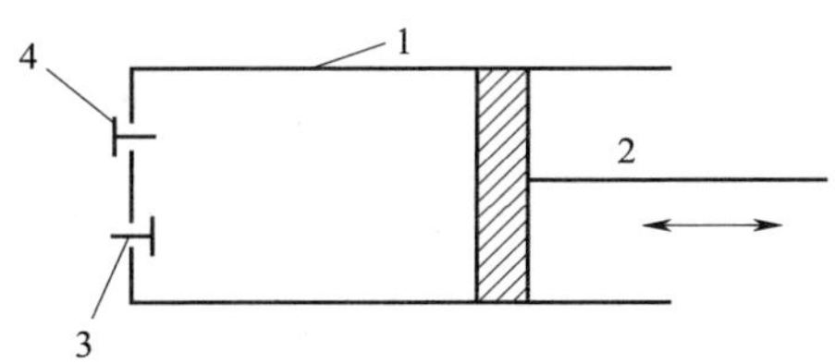

图 2－32　单级往复式空气压缩机结构

1—气缸　2—活塞　3—吸入阀　4—排出阀

的空间不能全部有效地利用。

2）离心式空气压缩机。离心式空气压缩机是一种叶片旋转式压缩机，又称透平压缩机，如图 2－34 所示。离心式空气压缩机主要由转子和定子两部分组成。转子包括叶轮和轴，叶轮上有叶片、平衡盘和一部分轴封。定子的主体是气缸，还有扩压器、弯道、回流器、蜗壳及机壳。

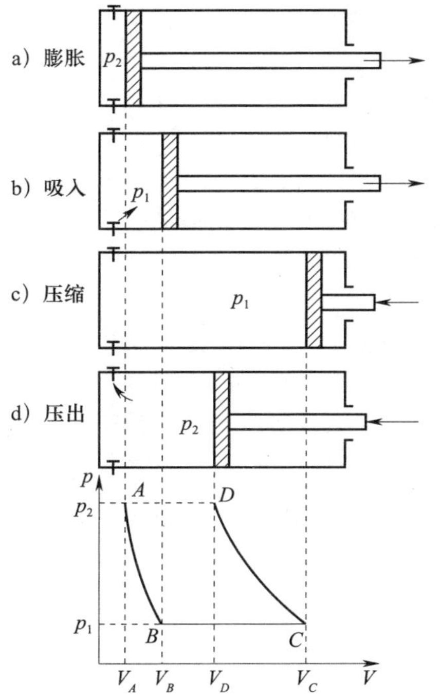

图 2－33　单级往复式空气压缩机的工作过程

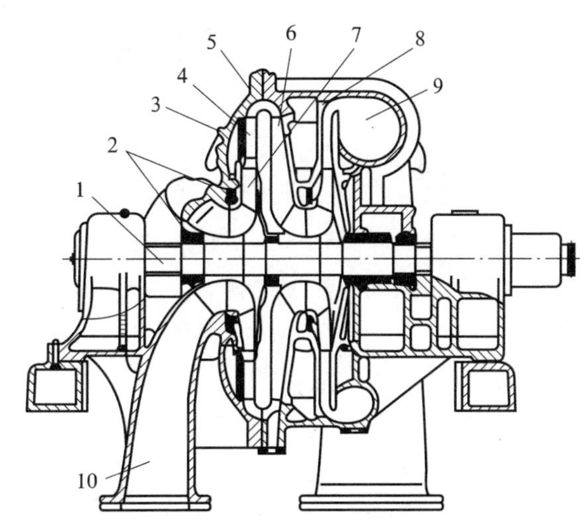

图 2－34　离心式空气压缩机

1—主轴　2—密封　3—机壳　4—扩压器　5—弯道
6—回流器　7—叶轮　8—隔板　9—蜗室　10—进气室

离心式空气压缩机中气压的提高是靠叶轮旋转、扩压器扩压而实现的。气体进入离心式空气压缩机的叶轮后，在叶轮叶片的作用下，一边跟着叶轮做高速旋转，一边在旋转离心力的作用下向叶轮出口流动，并受到叶轮的扩压作用，其压力能和动能均得到提高。气体进入扩压器后，动能又进一步转化为压力能，气体再通过弯道、回流器流入下一级叶轮进一步压缩，从而使气体压力达到工艺所需要求。

与往复式空气压缩机相比较，离心式空气压缩机具有下述优点：结构紧凑，尺寸和质量较小；排气连续、均匀，不需要中间罐等装置；振动小，易损件少，不需要庞大而笨重的基础件；除轴承外，机器内部无须润滑，省油，且不污染被压缩的气体；转速高；维修量小，调节方便。

（3）变压吸附（PSA）制氮机

PSA 制氮机是以空气为原料，以优质碳分子筛为吸附剂，运用变压吸附原理，利用充满微孔的分子筛，对空气进行选择性吸附，以达到氧氮分离而获得氮气的设备，如图 2－35 所示。PSA 制氮机主要由空气压缩机、空气净化系统、空气储罐、切换阀、吸附器和氧气缓冲罐等组成。

图 2－35　PSA 制氮机

经过纯化干燥的压缩空气，在吸附器中进行加压吸附、减压脱附。由于空气的动力学效应，氧在碳分子筛微孔中扩散速率远大于氮，氧被碳分子筛优先吸附，氮在气相中被富集起来，形成成品氮气，然后经减压至常压。吸附剂脱附所吸附的氧气等杂质，实现再生。一般，在系统中设置两个吸附塔 A 和 B，一塔吸附产氮，另一塔脱附再生，通过控制装置控制气动阀的启闭，使两塔交替循环，以达到连续生产高品质氮气的目的。

PSA 制氮机属于现场制取氮气的设备，工艺流程简单，自动化程度高，产气快（15～30 min），能耗低，产品纯度可在较大范围内根据用户需要进行调节，操作维护方便，运行成本较低，装置适应性较强。

思考与练习

1. 二级反渗透制备纯化水的流程是什么？
2. 简述多效蒸馏水机制备注射用水的原理。
3. 简述集中式净化空调系统的工作过程。
4. 往复式空气压缩机的工作过程包括哪几个阶段？
5. PSA 制氮机的工作原理是什么？

实训项目一　万能粉碎机的使用与维护

一、实训目的

1. 能正确使用 CW－130 型万能粉碎机。
2. 能对 CW－130 型万能粉碎机进行日常维护。
3. 能判断并排除 CW－130 型万能粉碎机的常见故障。
4. 培养学生 GMP 职业素养，树立安全生产意识。

二、实训设备和场地

1. CW－130 型万能粉碎机。
2. D 级洁净区或模拟车间。

三、实训内容与步骤

1. 开机前准备

（1）检查设备是否清洁，是否符合生产要求。

（2）检查皮带是否完好。

（3）检查各润滑部位是否有油并达到要求。

（4）检查所有紧固件是否完全紧固。

（5）检查电气部件是否安全，有无漏电现象。

（6）打开封盖检查转子及粉碎室内有无金属材质的异物。

（7）安装筛网并确认无松动和破损，检查完毕后，关闭封盖并拧紧封盖螺栓。

（8）系上捕集袋。

2. 开机操作

（1）接通电源，电源指示灯亮，点击绿色运行按钮让机器空转，注意观察是否有异响。

（2）待空机运转正常后均匀上料，可通过调整进料阀控制进料速度。

（3）粉碎过程中要经常检查料斗中下料的情况和封盖螺栓的牢固度。

（4）停机前，应先停止加料，待粉碎室内物料完全排出后，机器继续运转 1～2 min，排出余料，点击红色停止按钮。

（5）停机后，切断电源，打开封盖，检查筛网有无破损，按清洁操作规程进行清洁。

3. 日常维护与保养

（1）保持设备清洁，粉碎室内残留的粉末及时清扫干净。

（2）检查齿盘、齿圈等易损部件的磨损程度，如有缺损及时更换或修复。

（3）检查活动齿盘的固定螺栓是否松动，如有松动及时调整或者更换。

（4）检查紧固部件及固定齿盘内螺栓是否松动，如有松动及时调整或者更换。

4. 常见故障与排除

万能粉碎机常见故障与排除方法见表 2－1。

表 2－1　万能粉碎机常见故障与排除方法

常见故障	原因	排除方法
主轴转向相反	电源线连接不正确	检查并重新接线
操作中有焦臭味	皮带过紧或损坏	调节或更换皮带
粉碎室内有剧烈的金属撞击声	① 有坚硬杂物进入粉碎室 ② 粉碎室内螺栓等连接件脱落 ③ 钢齿局部碎裂崩落	停机检查
粉碎时声音沉闷、卡死	① 加料过快 ② 皮带松	① 减慢加料速度 ② 调节或更换皮带
机身喷粉	① 除尘布袋排风不畅 ② 加料过多	① 更换布袋 ② 减慢加料速度

四、实训测评

按表 2－2 所列实训评分标准进行测评，并做好记录。

表 2－2　实训评分标准

序号	考核内容	考核标准	配分	得分
1	辨识零部件	能正确辨识设备零部件名称	10	
2	设备使用	① 开机前检查 ② 安装筛网 ③ 正确开机，空转试运行 ④ 加料，完成粉碎操作，收集粉碎后的物料 ⑤ 关机操作 ⑥ 清场	40	
3	日常维护与保养	能正确维护和保养设备	20	
4	排除故障	能正确分析设备故障原因，采取正确措施排除故障	20	
5	其他	① 安全使用设备 ② 正确回答老师提问	10	
合计			100	

实训项目二　V 形混合机的使用与维护

一、实训目的

1. 能正确使用 VH－8 型 V 形混合机。
2. 能对 VH－8 型 V 形混合机进行日常维护。
3. 能判断并排除 VH－8 型 V 形混合机的常见故障。
4. 培养学生 GMP 职业素养，树立安全生产意识。

二、实训设备和场地

1. VH－8 型 V 形混合机。
2. D 级洁净区或模拟车间。

三、实训内容与步骤

1. 开机前准备

（1）检查设备是否清洁，是否符合生产要求。

（2）检查电源是否处于正常状态。

（3）检查设备各部件的紧固程度。

（4）检查加料口盖是否密封，出料口是否关闭。

（5）检查设备旋转半径内有无人员、物品。

（6）打开电源开关，电源指示灯亮，调速器旋钮应在最小位置，点动试车 3～5 转。

（7）按下启动按钮，调整调速器使转速从低到高空转试机。注意检查设备工作状态是否正常，有无卡滞、碰撞和异响现象。

2. 开机操作

（1）试运行后停机，使 V 形混合机加料口朝上。

（2）打开加料口，并重新确认出料口已关闭，加料，关闭加料口并锁紧。

（3）再次按下启动按钮，设置混合时间，旋转调速器缓慢调至工艺要求的转速。

（4）混合完毕后停机，若出料口位置不理想，可点动调整至出料口竖直朝下，将盛装物料的容器置于出料口下，打开出料口，放出物料。

（5）若出料不顺畅，可按点动按钮下料。

（6）生产结束后关闭电源，按清洁操作规程做好清洁卫生。

3. 日常维护与保养

（1）检查加料口是否密封，出料口是否密封，放料阀是否轻便。

（2）检查各部位螺栓，紧固机体，不允许出现松动现象。

（3）检查电控柜与主机接地线，确保接地良好。

（4）检查皮带磨损情况，必要时更换皮带。

4. 常见故障与排除

V 形混合机常见故障与排除方法见表 2－3。

表 2－3　V 形混合机常见故障与排除方法

常见故障	原因	排除方法
主机振动，有异常响动	轴承损坏	更换轴承
	变速机损坏	更换变速机部件
	无润滑油或润滑泵不供油	加润滑油或更换油泵，或清理油泵管路堵塞物
突然停机	瞬间负荷过大	立即切断电源，减少负荷，调试后再开机
加料口密封不严	密封垫圈损坏	更换密封垫圈
出料不顺畅	气缸问题	检查气缸和供气系统
	电路问题	检查电路是否接触良好

四、实训测评

按表 2－4 所列实训评分标准进行测评，并做好记录。

表 2－4　实训评分标准

序号	考核内容	考核标准	配分	得分
1	辨识零部件	能正确辨识设备零部件名称	10	
2	设备使用	① 开机前检查 ② 正确开机 ③ 空转试运行 ④ 加料，完成混合操作 ⑤ 停机，正确出料 ⑥ 关机操作 ⑦ 清场	40	
3	日常维护与保养	能正确维护和保养设备	20	
4	排除故障	能正确分析设备故障原因，采取正确措施排除故障	20	
5	其他	① 安全使用设备 ② 正确回答老师提问	10	
合计			100	

第三章

口服固体制剂生产设备

常见口服固体制剂包括散剂、颗粒剂、片剂、胶囊剂、丸剂等。与液体制剂相比，口服固体制剂的物理、化学性质比较稳定，生产制造成本较低，服用和携带方便。在口服固体制剂生产制备过程中，部分前处理工艺具有相同的单元操作，使用相同的生产设备。本章主要介绍制粒、干燥、压片、包衣、胶囊填充、滴丸等制剂生产设备。

§3－1　制粒与干燥设备

学习目标

1. 掌握常用制粒设备的主要结构和基本原理。
2. 掌握常用干燥设备的主要结构和基本原理。
3. 能正确使用和维护常用制粒设备。
4. 能正确使用和维护常用干燥设备。

一、制粒设备

1. 概述

（1）制粒目的

制粒是对粉末、块状物、溶液、熔融液等状态的物料进行处理，制成具有一定形态和大小的颗粒（粒子）的操作。制粒是重要的单元操作。大多数固体制剂的制备过程都离不开制粒。制成的颗粒可经干燥、整粒、混合等工序制成颗粒剂，也可作为中间产品进入片剂、胶囊剂等剂型的生产流程中。

制粒目的：改善粒子流动性，在药物的输送、包装、充填等方面实现自动化、连续化、定量化；防止因混合物各组分的粒度、密度存在差异而引起离析现象，有利于各种组分的均匀混合；防止粉尘飞扬及黏附在器壁上，避免环境污染和原料损失；调整堆密度，改善溶解性能；使压片过程中压力传递均匀；配方和操作适当时，可提高药效和药物的稳定性；便于服用，携带方便，提高商品价值等。

（2）制粒方法

在药品生产中，常用的制粒方法有 4 种：湿法制粒、干法制粒、流化床制粒、喷雾制粒。

1）湿法制粒。湿法制粒是指在混合均匀的物料中加入润湿剂或黏合剂进行制粒的方法，在药品生产企业中应用最为广泛。湿法制粒主要包括制软材、制湿颗粒、干燥及整粒等，适用于对湿、热不敏感的药物。根据制粒所用的设备不同，湿法制粒又可分为：挤压制粒，如摇摆式颗粒机；高速搅拌制粒，如湿法混合制粒机。

2）干法制粒。干法制粒是将药物加入适宜的干燥黏合剂等辅料，用较大压力将混合粉末压成薄片，再粉碎成颗粒的方法。这种方法可防止有效组分损失，提高颗粒的稳定性、崩解性和溶散性，赋形剂用量少，适用于热敏性物料、遇水易分解的药物及易压缩成型的药物制粒。干法制粒通常有压片法和滚压法，常用设备有辊压干法制粒机等。

3）流化床制粒。流化床制粒是将物料置于流化床内，在自下而上的热空气作用下，物料粉末保持流化状态，同时喷入润湿剂或液体黏合剂，使粉末相互接触凝聚成颗粒，经反复喷雾、凝聚与干燥而制成一定规格的颗粒。流化床制粒将混合、制粒、干燥在一台设备内完成，因而也可称为一步制粒。常用的设备有沸腾干燥制粒机等。

4）喷雾制粒。喷雾制粒是将药物溶液或混悬液用雾化器喷雾于干燥室内，在热气流的作用下，雾滴中的水分迅速蒸发而直接制成干燥颗粒，制得的颗粒呈球状。该法可在数秒钟内完成药液的浓缩、干燥、制粒过程，如以干燥为目的可称为喷雾干燥。

2. 常用制粒设备

（1）摇摆式颗粒机

图 3－1　摇摆式颗粒机

摇摆式颗粒机（见图 3－1）采用挤压制粒的方式，是国内常用的制粒设备，结构简单，操作方便，主要适用于制药、食品、化工等行业中的颗粒制造。摇摆式颗粒机一般与槽形混合机配套使用，可将软材制成颗粒状，也可对干颗粒进行整粒。该设备自动化程度较低，生产过程易出现筛网破损情况，同时也存在因传动机构磨损造成机械冲击、使用寿命短等缺陷。

1）主要结构。摇摆式颗粒机有制粒部分和传动部分，主要由机座、电机、皮带轮、蜗杆、蜗轮、齿条、滚筒、筛网、管夹（棘轮机构）、料斗等构成。

2）工作原理。摇摆式颗粒机利用滚筒的正反方向旋转运动，使刮刀对物料产生挤压和剪切作用，将物料挤过筛网制成颗粒。此设备为连续操作设备。

3）设备使用。基本操作方法如下：

① 根据生产指令安装符合要求的筛网。

② 启动设备。

③ 将物料加入料斗，保持持续加料。

④ 使用容器在出料口下方接料。

⑤ 生产结束后，关机，清场。

通常情况下，滚筒转速越快，产量越高，但细粉多，颗粒收率小；滚筒转速越慢，产量越低，但颗粒收率高。筛网安装的松紧程度也影响颗粒制成效果。筛网安装比较松时，制得的湿颗粒粗而紧；筛网安装比较紧时，制得的颗粒细而松。在实际生产过程中，筛网的安装松紧度要适中。筛网可根据生产颗粒大小更换。

4）维护保养。基本维护保养方法如下：

① 使用时检查机体振动情况，检查各部位螺栓，发现松动应及时处理。

② 使用完后应将颗粒机内残留物清洗干净，保持整机的整洁。

③ 每班检查筛网，出现破裂或毛刺应及时更换，以免金属屑落入物料中。

④ 减速箱内润滑油和滚动轴内腔润滑油应定期更换。

⑤ 每月检查蜗轮、蜗杆、轴承等活动部分是否转动灵活和磨损情况，发现缺陷应及时修复。

⑥ 每月检查电控柜与主机接地线，确保接地良好，不得有漏电现象发生。

⑦ 每季度检查电机、皮带轮、链轮、轴承座等的连接、老化与磨损情况，保持紧固状态。

⑧ 每年检查电机轴承并为其加油。

（2）湿法混合制粒机

湿法混合制粒机（见图3－2）可将混合及制粒两道工序在同一容器内完成，混合制粒时间短，制成的颗粒大小均匀、质地结实、细粉少，压片时流动性好，成片后硬度高，崩解、溶出性能好。湿法混合制粒机比槽形混合机消耗的黏合剂少，操作方便，成功把握较大。该设备广泛应用于制药、食品、化工等行业，也可用于干粉混合。

图3－2　湿法混合制粒机

1）主要结构。湿法混合制粒机主要由机座、调速电机、混合缸、搅拌桨、切割刀、气动出料阀和控制系统构成。混合缸上端安装有可开启的仓盖，仓盖上可设置进料口、加浆口、呼吸器、清洗口和观察窗等。搅拌桨安装在缸底，切割刀设置在缸壁。大型湿法混合制粒设备常配有扶梯平台。

2）工作原理。湿法混合制粒机的工作原理是由气动系统关闭出料阀，加入物料后，在封闭的容器内，依靠搅拌桨的旋转、推进和抛散作用，使容器内的物料迅速翻转达到充分混合，黏合剂或润湿剂从上盖顶部加料口加入，利用垂直、高速旋转且前缘锋利的切割刀将物料迅速切割成均匀的颗粒，制得的颗粒由出料口放出。此设备为间歇操作设备。

3）设备使用。基本操作方法如下：

① 通过真空上料、提升加料、人工加料等方式将物料加入混合缸。

② 开启搅拌桨，低速混合 2 ~ 3 min。

③ 混匀后，开启高速搅拌。

④ 开启加浆系统加入黏合剂。

⑤ 同时开启切割刀制粒（低速）。

⑥ 加浆结束后，开启高速制粒，通过电流、时间判断终点。

⑦ 开启出料口出料。

⑧ 关机，清场。

湿法制粒时间通常为 8 ~ 10 min，制得的颗粒可能会结块，一般还需配合摇摆式颗粒机或其他设备对湿颗粒进行整粒。通常情况下，搅拌制粒时间越短，颗粒的密度、硬度、均匀度越低；搅拌制粒时间越长，颗粒的密度、硬度越大。

4）维护保养。基本维护保养方法如下：

① 定期检查搅拌桨、切割刀转动灵活性和气密情况。

② 定期检查仓盖、出料口密封圈气密性。

③ 每半年检查电机同步带的磨损情况。

④ 每半年检查机箱内连接固定螺栓是否松动，并对油杯加上润滑脂。

⑤ 每半年检查配电箱，除尘，紧固接线端子，检查变频器运行情况。

⑥ 每年切断主电源对主机内部进行彻底清洁，清除油污和药粉。

⑦ 每年对电气元件、仪表、线路加以检查，如有老化损坏应予以更换。

（3）流化床制粒机

流化床制粒机（见图 3－3）又称为沸腾制粒机或一步制粒机，该设备可将混合、制粒、干燥 3 个工序在同一台设备内完成。该设备在密闭负压下工作，设备内部光滑、无死角，制得的干颗粒密度小，粒度均匀，流动性、压缩成型性好。但物料各组分密度差异过大时，易造成混合不均。

1）主要结构。流化床制粒机主要由风机、空气过滤器、加热器、进风口、物料容器、流化室、出风口、供液泵、喷枪等组成，主体部分一般分 4 个部分，从上至下分别为捕集室、喷雾室、流化室以及顶升气缸。流化室多采用倒锥形，以消除气体流动“死区”，有些流化室安装在可移动的小车上，需要加料时可将流化室移出。气流分布器为多孔结构，上面覆盖 60 ~ 100 目金属筛网。捕集室内有捕集袋，并设有反冲振动装置，以防止捕集袋堵塞。

图 3 - 3　流化床制粒机

2）工作原理。物料粉末置于原料容器中，空气经过滤加热后，从原料容器下方进入，气流作用使粉粒产生流态化而混合，黏合剂经供液泵送至流化室顶部，与压缩空气混合经喷头喷出，物料与黏合剂接触聚结成颗粒。采用热风流动对物料进行气、固二相悬浮接触的质热传递达到颗粒干燥。加热干燥后形成均匀的多微孔球状颗粒回落至原料容器中。

3）设备使用。基本操作方法如下：

① 在密闭条件下通过负压将物料吸入机体内或直接将物料倒入可移动的原料小车内。

② 顶升，使流化室与上、下部分紧密对接，实现机体密闭。

③ 开启风机、加热器等，进行混合。

④ 开启喷枪，喷洒黏合剂，进行制粒。

⑤ 通过观察窗、取样口等，判断颗粒制备情况，达到预期后提高温度进行干燥。

⑥ 颗粒干燥后，顶降出料。

4）影响制粒情况的工艺参数主要有 5 项。

① 投料量。容器内的物料量直接影响流化状态。物料少时，进入容器内的热气流从物料间的空隙排出，物料在容器内无法形成有效的环状流化。物料多时，进入容器内的热气流无法将物料吹起，容易塌床。一般控制物料量为容器体积的 60% ~ 80%。

② 喷雾速度。喷雾速度大时，颗粒直径增大，脆性减小，若同时气流温度不够，易产生结块、塌床。喷雾速度小时，颗粒直径减小，颗粒中细粉多或不成粒。

③ 雾化压力。增加雾化压力，黏合剂的雾滴变小，制得的颗粒粒度变小，细粉多。降低雾化压力，易产生大颗粒，降低成品率。

④ 进风量。进风量过大，物料粉末被吹起，延长制粒时间，同时造成颗粒不均匀，细粉过多。进风量较小，物料流化状态不好，颗粒粒度不均匀，容易造成塌床。

⑤ 进风温度。进风温度高，黏合剂溶液蒸发速度快，制成的颗粒粒径小，细粉增多。若温度过高，颗粒外干内湿，颜色加深。进风温度低，黏合剂溶液蒸发较慢，制成的颗粒粒径大，较硬，流动性较好，但制粒时间会延长。若温度过低，湿颗粒不能及时干燥，易相互聚结造成塌床。

5）维护保养。基本维护保养方法如下：

① 定期对全套设备进行维护，保持正常运转，仪器、仪表应保持干燥，设备周围、操作现场保持清洁。

② 喷液泵严禁反转、空转，工作时应在进料管内装满液料。

③ 每周应用有机溶剂彻底清洗喷枪零件，以免堵塞。

④ 随时检查布袋透气性能，保持良好通过性。停机和更换品种时，应予以清洗。

⑤ 随时检查分布板堵塞情况，及时清洗。

⑥ 每隔 2 ~ 3 个月清洗或更换进风过滤器。

⑦ 定期检查密封圈密封情况，如有泄漏应及时更换。

（4）滚压干法制粒机

滚压干法制粒机（见图 3 – 4）采用干法制粒工艺，是把药物粉末直接压缩成较大片剂或片状物后，重新粉碎成所需大小颗粒的设备，适用于除挤压、摩擦可引起爆炸的危险品外的干粉物料的直接制粒。滚压干法制粒机生产过程无须水或乙醇等润湿剂，节省湿法制粒的中间工艺，大大缩短制粒时间，可获得高密度的颗粒。

图 3 – 4　滚压干法制粒机

1）主要结构。滚压干法制粒机主要结构有加料斗、螺旋推进器、辊压轮、压力调节器、粉碎轮、整粒装置、盛料容器等。加料斗内设有螺旋推进器，压力调节器控制两个辊压轮之间的间隙，下方设有物料导向通道，粉碎轮安装在导向通道内，整粒装置安装在粉碎轮下方。

2）工作原理。具有一定含水量的粉料通过送料螺杆的输送和压缩，被推送到两个辊压轮的上部，粉料受压成为硬条片，随后硬条片通过颗粒机粉碎，从而得到所需要的颗粒。整个过程自动连续进行。

3）设备使用。基本操作方法如下：

① 开机。

② 打开冷却水，启动油泵。

③ 按产品工艺要求设定好辊压轮压力等工艺参数。

④ 将送料螺杆及辊压轮电机的电磁调速调到零位，再按粉碎启动、压片启动及送料启动按钮，并按产品工艺要求设定好各自的速度。

⑤ 空车运转 10 ~ 15 min。

⑥ 如无异常情况，将粉料装入加料斗内开始生产。

⑦ 关机，工作完毕，先按送料停止、辊压停止、粉碎停止按钮，然后按电磁阀启动按钮放油降压，再切断总电源，关闭冷却水开关。

辊压轮的转速过快，压出的料片既薄又松；螺杆转速过大，压出的料片既硬又厚。应合理设置辊压轮转速、送料螺杆转速、辊压轮压力以提升颗粒质量和产量。

4）维护保养。基本维护保养方法如下：

① 设备内部各处的粉尘要定时清洗，并检查所有紧固处有无松动、移位，如有松动或移位应加以固定。

② 定期检查易损件的磨损情况，如有损坏应进行修复和更换。

③ 所有润滑点、油箱内的油脂应更换一次。

二、干燥设备

1. 概述

（1）干燥的定义

干燥是利用热能或其他适宜方法使物料中的湿分（水分或其他溶剂）汽化，并利用气流或真空带走汽化了的湿分，从而获得干燥固体产品的操作。干燥的目的在于提高物料的稳定性，保障药品的质量，便于物料进一步加工处理、运输、储存等。

（2）影响干燥的因素

1）物料的性质，包括物料本身的结构、形状和大小，是决定干燥速率的主要因素。干燥速率是单位时间内在单位干燥面积上汽化的水分质量。一般来说，颗粒状物料比粉末状物料干燥速率快，因为粉末之间孔隙小，内部的水分扩散慢。结晶性物料比浸出液浓缩后的膏状物干燥速率快。

2）干燥介质的相对湿度。干燥介质的相对湿度越小，越易干燥，因此烘房、烘箱中采用鼓风装置使空气流动更新。在流化干燥操作中，预先对气流本身进行干燥或预热，其目的是降低干燥空间的相对湿度。

3）干燥的压力。压力与蒸发量成反比，因而减压是改善蒸发条件，加快干燥速率的有效手段。减压干燥能降低干燥温度，加快蒸发，使产品疏松易碎并保持热敏性成分的稳定性。

4）干燥的速率。干燥速率应适宜。在干燥过程中，首先进行表面干燥，然后内部水分扩散至表面继续蒸发。若干燥速率过快，开始时干燥温度过高，则物料表面水分很快蒸发，内部水分来不及扩散到表面，致使粉粒彼此紧密黏结，甚至结成硬壳，从而阻碍内部水分蒸发，使干燥不完全，造成外干内湿的假干燥现象。

5）干燥的方法。在干燥过程中处于静态的物料，其暴露面积小，水蒸气散失慢，干燥效率低；在动态情况下，粉粒彼此分开，不停地跳动，与干燥介质接触面积大，干燥效率高。

6）空气的温度。在适当范围内提高空气的温度，可加快蒸发速率，加大蒸发量，有利于干燥。但应根据物料的性质选择适宜的干燥温度，以防止某些组分被破坏。

7）干燥的面积。干燥面积与干燥效率成正比。所以，对于相同体积的物料，干燥面积越大，干燥越快，反之就慢。

（3）干燥的方法和设备

常用的干燥方法及设备如下：

1）常压干燥，如烘房、热风循环烘箱等。

2）减压干燥，如真空干燥箱等。

3）喷雾干燥，如喷雾干燥器等。

4）沸腾干燥，如沸腾干燥机等。

5）红外线干燥，如振动式远红外干燥机等。

6）冷冻干燥，如冷冻干燥机等。

7）微波干燥，如隧道式微波干燥灭菌机等。

干燥设备的种类比较多，在用途上也有所区别。下面主要对常用干燥设备进行介绍。

2. 常用干燥设备

（1）热风循环烘箱

热风循环烘箱（见图3－5）是通用性较强的设备，按其加热方法分为电加热和蒸汽加热两种，如果有易燃气体则选用蒸汽加热。其结构简单，操作方便，实用性强，适用于经常更换品种、价高或小批量物料的干燥。但热风循环烘箱热效率低，干燥时间长，必须定时翻动，粉尘多，劳动强度大。热风循环烘箱属于盘架式间歇干燥，可用于物料成品、半成品的除湿、固化乃至灭菌的单元操作。

图3－5　热风循环烘箱

1）主要结构。该设备主要由箱体、蒸汽加热器或电加热器、风机、架车、烘盘、电气控制箱等组成，是一种间歇式的干燥器。箱体内装有气流导向板和循环风扇，可使箱内气流定向流动，使上、下各部温度均匀，减小温差。在箱顶上部留有进气口和排湿口，使箱内潮湿空气及时排出，补充新鲜空气，提高物料干燥速率。箱体上部装有电气控制系统，有控制器、数字显示温度控制仪，显示和自动控制箱内工作温度。架车上的烘盘装载湿物料，料层厚度一般为10～100 mm，干燥过程中保持静止状态。

2）工作原理。该设备一般以蒸汽或电作为热源，利用风机进行对流热交换，对物料进行热量传递，并不断补充新鲜空气，排出箱体内的湿热气体，使物料干燥。普通热风循环烘箱的循环热风在物料表面和物料盘底部流动；物料盘采用筛板或多孔板的穿流式热风循环烘箱，热风可穿透物料层，热效率得到提高。

3）设备使用。基本操作方法如下：

① 将湿颗粒均匀地铺在烘盘上，厚度不宜过大。

② 将烘盘推入箱体，关好烘箱门。

③ 接通电源，启动风机。

④ 按工艺要求设定干燥温度。

⑤ 启动加热。

⑥ 随时检查，并按工艺要求翻料，使颗粒干燥符合要求。

⑦ 干燥好的颗粒冷却至室温或接近室温时，取样后测定水分，合格后可收干颗粒。

⑧ 收干颗粒时应从最下盘依次向上收起，置于干净的容器中，注意将烘盘内颗粒倒干净，防止颗粒的损失。

⑨ 工作完毕，关闭加热器、风机，断开电源。

4）维护保养。基本维护保养方法如下：

① 定期检查设备及附件，外观应无异常，各连接处连接紧固，螺栓连接处无松动，设备干净，各接口按要求密封好，无泄漏、异常声响。

② 定期检查地线接地情况，电源线应完整，开关完好。

③ 定期检查温度传感器、湿度传感器、控制面板等电气元件的老化、磨损情况，如有异常及时维修或更换。

（2）真空干燥箱

真空干燥是指在密闭的容器中抽真空并进行干燥的方法。真空干燥箱的特点是干燥的温度低，速度快；减少了空气与物料的接触机会，避免污染或氧化变质；产品呈松脆海绵状，易于粉碎。真空干燥箱适用于热敏性物料和高温下易氧化物料的干燥，以及中药浸膏的干燥。

（3）喷雾干燥器

喷雾干燥是指以热空气作为干燥介质，采用雾化器将液体物料分散成细小液滴，当细小液滴与热气流相遇时，水分迅速蒸发而获得干燥产品的操作方法。喷雾干燥器可以使溶液、乳化液、悬浮液、糊状液的物料经过喷雾干燥成粉状、细小颗粒的制品。该设备的干燥速率快，时间短，在数秒钟内完成水分蒸发，获得粉状或颗粒状产品；干燥过程雾滴温度不高，一般约为 50 ℃，故干燥制品质量好；干燥后物料多为松脆的空心颗粒，具有较好的流动性，质地均匀，溶解性能好，可以提高某些制剂的溶出速率。喷雾干燥器适用于热敏性物料、中成药、抗生素等的干燥。喷雾干燥器一般由干燥室、喷枪、空气过滤器、加热器、气粉分离室、收集器、鼓风机等组成，可分为压力式、气流式、离心式 3 种。

（4）气流干燥器

气流干燥器主要结构为引风机、加热器、加料器、干燥管、回流管、旋风分离器、袋滤器等。该设备工作时，热空气从设备主体下部多孔托盘向上吹入，将湿物料吹起并带至上方。湿物料在设备内与热空气做并流运动的同时，也完成了自身的干燥。气体和固体物料出干燥管后，进入旋风分离器和袋滤器，使气固两相分离，固体物料被收集，气体排出设备。气流干燥器内固体高度分散，传热效率很高，干燥时间短，气固两相合流时，气体温度可达到400 ℃，而固体温度仅为60～70 ℃，传热动力大。该设备结构简单，生产能力大，一般用于粉状或颗粒状物料的干燥，块状、膏状、泥状物料干燥前应粉碎，因此气流干燥机经常与粉碎机配合使用。

（5）沸腾干燥机

沸腾干燥机的干燥原理是利用从流化床底部吹入的热空气流使湿颗粒向上悬浮，流化翻滚如沸腾状，热空气在悬浮的湿粒间通过，进行热交换，带走水汽，达到干燥的目的。沸腾干燥机具有以下特点：热利用率较高，干燥速率快，产品质量好；物料在干燥室内停留的时间可调节，适用于热敏性物料的干燥；可在同一干燥器内进行连续或间歇操作，可自动出料，节省人力；物料处理量大，适于大规模生产；热能消耗大，设备清扫较麻烦；对被处理的物料有一定的限制，易黏结成团及易黏附在器壁上的物料处理困难，干燥后细粉较多。沸腾干燥机主要由空气净化过滤器、电加热器、进风调节阀、沸腾器、搅拌器、干燥室、密封圈、捕集袋、旋风分离器和风机组成。沸腾干燥机的种类有很多，一般可分为单室沸腾干燥机（见图3－6）、多室沸腾干燥机和振动沸腾干燥机3种。

图3－6　单室沸腾干燥机

单室沸腾干燥机的结构与流化床制粒机相似，分批投料，干燥时间可自由调整，适应性较强，但其辅助性操作时间长，生产能力不高，热效率较低，经济效益差。

多室沸腾干燥机为长方形箱体，上部是缓冲层，下部为沸腾室，底部为多孔筛板（流化床）。筛板上方设有多层隔板，将沸腾室分成多室。隔板下方与筛板之间的空隙可根据物料情况上下调整。物料进入第一室后，通过这些空隙依次进入各室。每一个室可视作一个流化床。该设备结构简单，操作方便，混合均匀，生产能力大，特别适用于干燥大批量湿物料。因物料在设备内的停留时间为几分钟到几十分钟，故热敏性物料应慎用，此设备不适用于易结块物料。

振动沸腾干燥机是将机械振动装置添加于设备内。物料落到流化板上，在气流和机械振动的作用下，能更好地悬浮在设备内达到“沸腾”状态。该设备由于施加了机械振动，有助于物料流化，气流速度比普通流化床低，风量仅为普通流化床的20%～30%，可减少对物料粒子的损伤。同时，该设备热交换效率高，物料受热均匀，成粒率高，运行平稳，可连续生产。

（6）冷冻干燥机

冷冻干燥机俗称冻干机，主要结构包括制冷系统、真空系统、加热系统、控制系统等。

其工作原理是将需要干燥的湿物料冷冻至冰点以下，使水分冻结成冰，再在高真空条件下，适当加热升温，使固态的冰不经液态的水而直接升华成水蒸气排出，去除物料的水分。冷冻干燥机因其低温和真空的特性，特别适用于易受热分解的药物，如一般生物制品、酶、抗生素以及注射用无菌粉末等。干燥后所得的产品稳定，质地多孔疏松，易于溶解，含水量低，有利于药品长期保存，但设备投资大，产品成本高。真空冷冻干燥技术广泛应用于医药、生物制品、食品、血液制品、活性物质等领域。

思考与练习

1. 摇摆式颗粒机的主要结构有哪些？如何控制出料粒径大小？
2. 湿法混合制粒机的工作流程是怎样的？如何进行维护和保养？
3. 流化床制粒机的工作原理是什么？影响沸腾制粒的因素有哪些？
4. 热风循环烘箱的工作原理是什么？有哪些特点？

§3－2 片剂生产设备

学习目标

1. 掌握旋转式压片机的主要结构和基本原理。
2. 掌握高效包衣机的主要结构和基本原理。
3. 能正确使用和维护片剂生产设备。

一、概述

1. 片剂简介

片剂指原料药物或与适宜的辅料通过一定的制剂技术制成的圆形或异形的片状固体制剂，供内服和外用。片剂按其给药途径、药物作用和制备方法分为普通压制片、包衣片、糖衣片、薄膜衣片、肠溶衣片、泡腾片、咀嚼片、多层片、分散片、舌下片、口含片、植入片、溶液片、缓释片。片剂具有剂量准确、质量稳定、服用携带方便、生产成本低等特点，是临床应用最广泛的剂型之一。

2. 片剂的生产工艺流程

片剂的生产工艺流程主要包括粉碎、过筛、配料、混合（固体—固体、固体—液体）、制粒、干燥、总混、压片、包衣、包装。其制备方法主要有湿法制粒压片法、干法制粒压片法、（粉末或结晶）直接压片法 3 种，其中以湿法制粒压片法为主。

片剂生产工艺流程如图 3－7 所示。

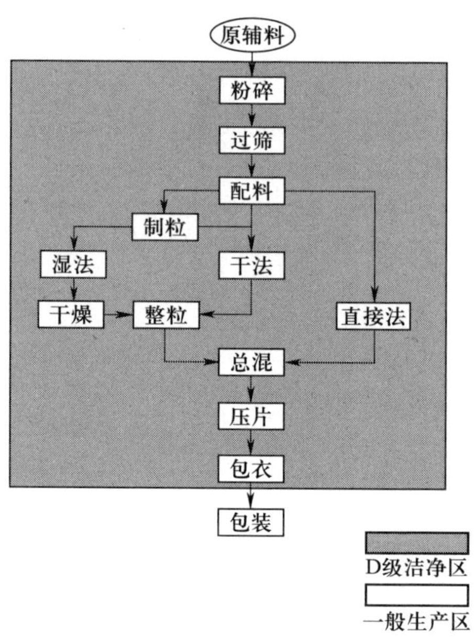

图 3－7　片剂生产工艺流程

二、常用片剂生产设备

片剂生产设备主要有压片机、包衣机等。将各种颗粒或粉状物料置于模孔中，用冲头将其压制成片剂的设备称为压片机。压片机按其工作原理的不同，可分为单冲压片机、旋转式压片机等。将素片表面包裹上适宜材料的衣层制成糖衣片或薄膜衣片的设备称为包衣设备。包衣设备分滚转包衣设备、流化床包衣设备、压制包衣设备3类，滚转包衣设备常见的有普通包衣机和高效包衣机。

1. 旋转式压片机

旋转式压片机（见图3－8）是均匀分布于旋转转台的多副模具按一定轨迹做垂直往复运动的压片设备。旋转式压片机是一种连续操作设备，在其旋转时连续完成加料、填充、压片、出片等动作。

图 3－8　旋转式压片机

旋转式压片机按转台转速一般分为中速（≤30 r/min）、亚高速（≤40 r/min）、高速（≤50 r/min）压片机；按转盘上的冲模孔数可分为16冲、19冲、27冲、33冲、35冲、55冲、75冲压片机等；按转盘旋转一周完成填充、压片、出片等动作的次数，可分为单压、双压、三压、四压压片机等。单压指转盘旋转一周只完成填充、压片、出片等动作各一次；双压则是转盘旋转一周完成填充、压片、出片等动作各两次，因此生产能力为单压的两倍。双压压片机内有两套压轮，为减小设备振动及噪声，两套压轮交替加压使得动力消耗大为减少，双压压片机的冲数皆为奇数。

（1）主要结构

旋转式压片机主要由动力及传动部分、加料部分、工作部分组成。

1）动力及传动部分。现有的各种旋转式压片机的传动部分大致相同，共同点是由一个旋转的工作转盘拖带着上、下冲，经过加料、填充、压片、出片等动作机构，并靠上、下冲的导轨和压轮控制冲模做上下往复动作，从而压制出各种形状及大小的片剂。工作转盘传动由二级皮带和一级蜗轮蜗杆组成。

2）加料部分。旋转式压片机的加料部分是月形栅式加料器，如图3－9所示。月形栅式加料器固定在机架上，其下底面与固定在工作转盘上的中模上表面保持一定间隙（0.05～0.1 mm），当旋转中的中模从加料器下方通过时，栅格中的药物颗粒落入模孔中，弯曲的栅格板造成药物多次充填的形式。加料器的最后一个栅格上装有刮粉板，它紧贴于转盘的工作平面，可将转盘及中模上表面的多余药物刮平和带走。月形栅式加料器多用无毒塑料或铜材铸造而成。强迫加料装置主要由料筒、加料电机、加料蜗轮减速器、万向联轴器、强迫加料器（见图3－10）、连接管、加料平台、调平支腿机构组成，适用于压制流动性较差的颗粒物料，可提高剂量的精确度。

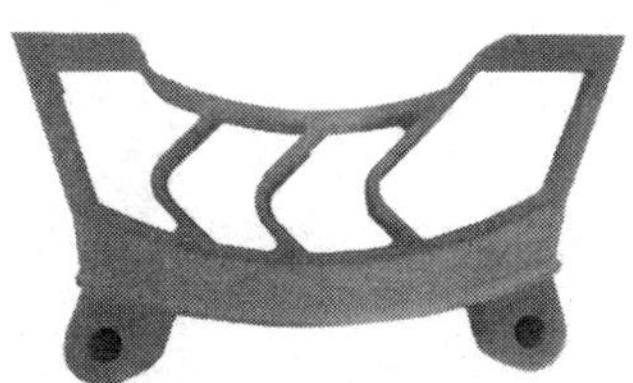

图3－9　月形栅式加料器

图3－10　强迫加料器

3）工作部分。工作部分由装有冲头和模圈的机台、上下压轮、充填调节器、片厚调节器、出片调节器、加料斗、刮粉器、吸尘器和防护装置等部件构成。机台转盘装于机座的中轴上并绕轴顺时针转动。机台分为3层：上层为上冲转盘，上冲均匀分布装于此盘内，可以升降，上冲转盘之上有一个垂直安装的上压轮；中层（中盘）为固定模圈的模盘，沿圆周方向等距离装有若干个模圈；下层为下冲转盘，下冲均匀分布装于此盘内，沿下冲轨道旋转时可以升降，下冲转盘之下对应位置有一个下压轮。上冲和下冲各随机台转动并沿固定的轨道有规律地上、下运动，当每副上冲与下冲随机台转动经过上、下压轮时，压轮施加压力，对模孔中的物料加压。机台中层之上有一固定不动的刮粉器，颗粒可源源不断地被刮粉器均匀刮入模孔。充填调节器装于下冲轨道上，是一个可以调节高低的铜材斜板，使下冲上升或下降，用以调节下冲经过刮板时下降的深度，以调节模孔的容积，多余的颗粒由刮粉器刮去，以保障片重准确。片厚调节器调节下压轮的位置，当下压轮升高时，上、下压轮间距离缩短，上、下冲头距离近，压力加大，成型的片剂薄而硬；反之，压力降低，片剂厚而松。

（2）工作原理

旋转式压片机基于单冲压片机的基本原理，同时又针对瞬时无法排出空气的缺点，变瞬时压力为持续且逐渐增减的压力，从而保障了片剂的质量。旋转式压片机工作时，利用加料器将物料填充于中模中，在转盘回转到压片部分时，上、下冲在主压轮的作用下将物料压制成片，压片后下冲上升将药片从中模孔内顶出，等转盘运转至加料处靠加料器的圆弧形侧边推出转盘。在整个压片过程中，控制系统还可实现片重自动控制、废片自动剔除，以及自动采样、故障显示和打印各种统计数据。旋转式压片机工作原理如图 3－11 所示。

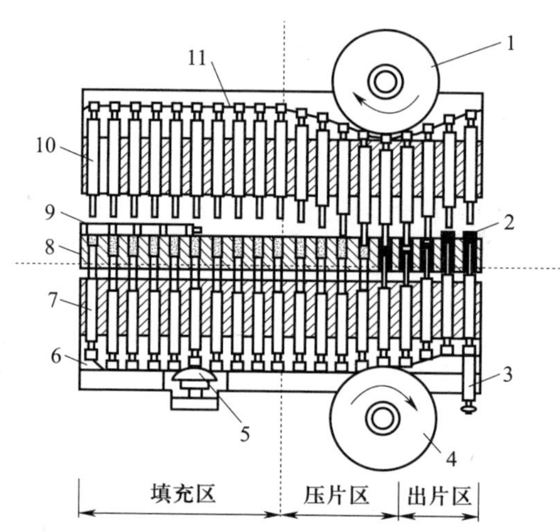

图 3－11　旋转式压片机工作原理

1—上压轮　2—药片　3—出片调节器　4—下压轮　5—片重调节器　6—下冲圆形凸轮轨道
7—下冲　8—中模圆盘　9—加料器　10—上冲　11—上冲圆形凸轮轨道

（3）设备使用

基本操作方法如下：

1）确认机台上是否有异物，检查配件及模具是否齐全。

2）打开侧门，安装手轮。

3）安装好冲模、加料部件，转动手轮并检查设备运行有无异常情况。

4）拆下手轮，关闭侧门。

5）打开电源，按控制面板上的内容操作，确认设备运行正常。

6）投料，以点动方式试压，根据片剂成型情况调整充填量至合格，片重合格后再调整片厚调节器至片厚合格。

7）调试完毕后，即可正式生产。

8）停机前先降低车速，再关闭开关，切断电源。

9）填写设备使用记录。

通常情况下，所用冲模须经严格探伤检验和外形检查，应无裂缝、缺边、变形，硬度适宜，尺寸、形状准确，不合格的冲模切勿使用，以免设备受到严重损坏。加料装置与转台平台齐平，高则产生漏粉，低则产生磨损。设备初次试车时应将片厚调节器控制在要求的参数范围内，用手转动试车手轮，同时调节充填调节器和片厚调节器，逐步使片剂的质量和松硬程度达到成品要求，然后再正式生产。压片时，车速的选择对设备使用寿命有直接影响。压片机设有无级变速装置，慢速适用于压制矿物、植物提取物及大片径、黏度低和快速难以成型的物料，快速适用于压制黏合性、润滑性好和易于成型的物料。

采用（粉末或结晶）直接压片法压片时，利用振荡器或电磁振荡器可以解决粉末流动不畅的问题；安装自动密闭加料设备可以解决药粉加入漏斗时飞扬的问题；增加预压装置，二次或三次压制成型，可以减少裂片。

（4）维护保养

基本维护保养方法如下：

1）保障设备各部件完好可靠。

2）定期检查机件，一般为每周一次。检查蜗轮、蜗杆、轴承、压轮等是否灵活，上、下导轨是否磨损，如发现问题要及时修复，待正常后方可使用。

3）每班检查冲杆和导轨润滑情况，所加机械润滑油每次不宜过量，防止润滑油渗入物料引起污染。

4）每班向各润滑油杯和油嘴加润滑油和润滑脂，蜗轮箱加机械油，油量以浸入一个齿为度，每半年更换一次机械油。

5）设备如停用较长时间，必须把冲模全部拆下，并将设备全部擦拭干净，表面涂上防锈油，罩上布篷。拆下的冲模放置在有盖的铁皮箱内，并全部浸入油中，防止生锈和碰伤。

6）电机元件应定期检查，保证良好的运行状态。

（5）压片机的发展

随着制造加工工艺水平、自动化控制技术的提高，满足各种特殊用途的压片机相继出现，如高速压片机、环形压片机、二次（三次）压制压片机等。

高速压片机的主体结构主要有底板、前后立架、前后框架、蜗轮箱、冲盘组合、控制柜、机座等部分。高速压片机的系统由压片机主机、真空上料机、筛片机、吸尘器等组成。压片机主机的上部分是完全密封的压片室，是完成整个压片工序的主要部分，包括冲压组合、加料系统、出片装置、吸尘系统等。压片室由顶板、盖板及有机玻璃门通过密封条完全密封，以防止外界的污染。压片机的下部装有主传动系统、润滑系统、液压系统、手轮调节机构等。

环形压片机主要结构在模具上，冲头的中心加工有一个圆孔，芯棒侧面加工有凹槽。压片机结构的修改是在转盘的模具孔上，添加压板以与模具配合完成对环形片材的压制（环形模具的安装比普通压片机模具的安装更为复杂）。

二次（三次）压制压片机由一次压制压片机改进而成，其结构包括加料斗、刮粉器、一次压轮、一次压轮压力调节器、二次压轮、二次压轮压力调节器、下冲导轨、电机等。

2. 高效包衣机

高效包衣机是对片芯或素片外表面包制糖衣和薄膜衣等的包衣设备。高效包衣机的包衣操作在密闭状态下进行，无粉尘飞扬和喷洒液飞溅，是一种高效、洁净、安全、节能、符合GMP要求的机电一体化设备。

高效包衣机从热交换形式上可分为有孔包衣机和无孔包衣机。有孔包衣机因其热交换效率高，主要应用在中西药片剂、较大丸剂等的有机薄膜衣、水溶薄膜衣和缓释包衣、控释包衣。无孔包衣机热交换效率较低，常用在微丸、小丸、滴丸、颗粒制丸等包制糖衣、有机薄膜衣、水溶薄膜衣和缓释包衣、控释包衣。

（1）主要结构

高效包衣机成套设备主要由主机（包衣锅）、热风机、排风机、喷雾输液系统、微机处理可编程序控制系统组成，如图 3－12 所示。主机按滚筒结构分为网孔式、间隙网孔式和无孔式 3 类，其中网孔式、间隙网孔式高效包衣机统称为有孔高效包衣机。

图 3－12　高效包衣机

1）主机（包衣锅）。有孔高效包衣机的主机由全封闭工作室、筛网式包衣滚筒、积水盘、驱动机构、防爆调速电机、风门系统、照明部分组成。无孔高效包衣机的主机由包衣滚筒、风桨、搅拌器、清洗放水系统、驱动机构、喷枪、热风排风分配座等部件组成。

2）热风机。热风机主要由风机、初效过滤器、中效过滤器、高效过滤器、热交换器组成。热风机可直接向室外采风，经过初、中、高效过滤，然后经过热交换器（电加热）加热到所需温度，将热风由风管送入主机滚筒。热风机各部件安装在不锈钢立式框架内，其外表面均是经过精细抛光的不锈钢板。

3）排风机。排风机主要由风机、布袋除尘器、清灰机构及集灰箱组成。各部件安装在立式框架内，并且其外表均由不锈钢板经精细抛光制作。其作用是使包衣滚筒内处于负压状态，既促使片芯表面的敷料迅速干燥，又可使排至室外的尾气得到除尘处理，符合环保要求。

进风和排风系统的管路中都安装有风量调节器，可根据工艺需要调节进、排风量的大小。

4）喷雾输液系统。喷雾输液系统由配液筒、蠕动泵、料液流量调节器、喷枪及辅机组成。喷枪由气动控制，根据包衣液的特性选用有气或无气喷枪。

5）微机处理可编程序控制系统。该系统的核心是可编程序控制器或微机处理器。它一方面接受来自外部的各种检测信号，另一方面向执行元件发布各种指令，实现对各部件参数的控制。

（2）工作原理

高效包衣机工作时，片芯在密闭的包衣滚筒内不停地做复杂轨迹运动。由恒温搅拌筒搅拌的包衣介质经蠕动泵和喷枪自动喷洒在片芯表面。热风柜按设定程序提供洁净热风对药片进行干燥，同时在排风和负压的作用下，将穿过片芯间隙及底部筛孔的废气排出，使包衣介质在片芯表面快速干燥，形成坚固光滑的表面包衣层。高效包衣机工作原理如图 3－13 所示。

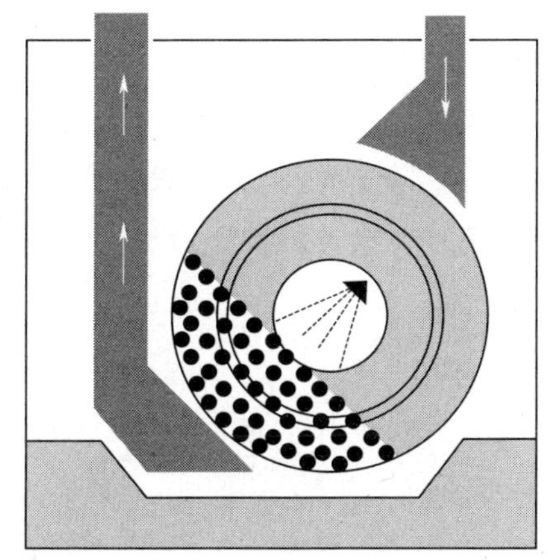

图 3－13　高效包衣机工作原理

（3）设备使用

基本操作方法如下：

1）检查整机各部件是否齐全，按消毒操作规程进行消毒。

2）打开电源，检查主机及各系统是否运转正常。

3）安装蠕动泵管。

4）安装喷枪，调整喷雾量与喷雾面。

5）关闭锅门。

6）启动主机，待进风温度达到工艺要求后进行投料。

7）待片芯预热后，开启蠕动泵和喷枪进行包衣。

8）整个包衣过程需要 1 h 左右，包衣液进料量、进风温度、排风温度、包衣锅转速根据工艺要求进行调整。

9）包衣液喷完后，关闭蠕动泵、喷枪，保持进风温度对片床进行干燥。

10）操作完毕，关闭风机，关闭热交换器，切断电源，对设备进行清洁。

11）填写设备使用记录。

在包衣过程中应经常检查包衣质量，并视片芯表面包衣情况调节喷浆量、进风温度。如果表面过湿，可调低蠕动泵转速（或将喷头喷液量调小）或调高进风温度；如果包衣面粗糙、有粒状物，可将喷头喷液量适当调小，以保证雾化效果。出现喷嘴堵塞应及时调整使其畅通。待片芯表面形成一层包衣薄膜后，视药片在滚筒内的流动性（流动性好则不必调节），可将其转速适当调高。药片包衣效果基本达到要求后，可将蠕动泵转速适当调低。

（4）维护保养

基本维护保养方法如下：

1）包衣机滚筒转速是无级调节的，主电机不运转时，绝对不允许转动调速手轮，否则会损坏变速机构。

2）整套电气设备每工作 50 h 或每周应清洁、擦净电气开关探头，每年检查并调整热继电器、接触器。

3）排风装置内离心式风机、排气管每月清洗一次，以防腐蚀。

4）每半年或大修后，应更新润滑油，其间如缺油、漏油要及时补足。

5）喷枪组件在安装或清洗时要轻拿轻放，以防损坏。

6）工作 2 500 工时后，应清洗或更换热风空气过滤器。

思考与练习

1. 某操作工操作旋转式压片机进行压片，试压片重已合格，但片厚未符合要求，该操作工应如何操作才能使片厚符合要求？

2. 某操作工在拆卸压片机时，用设备点动方式拆除上冲，结果造成手指挤伤。造成该事故的原因是什么？怎样预防压片机安全事故？

3. 某实训车间在结束一周的高效包衣机包衣实训任务后，应如何对高效包衣机进行维护保养？

§3－3　胶囊剂生产设备

学习目标

1. 掌握硬胶囊剂生产设备的主要结构和基本原理。
2. 了解软胶囊剂生产设备的主要结构和基本原理。
3. 能正确使用和维护胶囊剂生产设备。

一、概述

1. 胶囊剂简介

胶囊剂是指将药物或加有辅料的药物充填于空心胶囊或密封于弹性软质囊材中制成的固体制剂。胶囊剂主要供内服，少数用于直肠、阴道等部位给药。胶囊剂的特点如下：

（1）药物包裹在胶囊内，可掩盖药物的不良气味和刺激性。

（2）胶囊剂在制备时不加黏合剂，不受压，药物分散、溶出和吸收好，药效快，生物利用度高。

（3）胶囊剂的药物以粉末、颗粒、小丸、油溶液等装入胶囊，可以适应不同性质的药物。

（4）对光、氧气敏感或遇湿不稳定的药物，可装入不透光的胶囊中，与外界隔离，避免光线、空气、水分的影响，药物稳定性好。

（5）可制成控释和缓释制剂。在结肠段吸收较好的蛋白质类、多肽类药物可制成结肠靶向胶囊剂。

（6）外形整洁、美观，便于识别，携带、运输、储存方便。

（7）药物的水溶液或稀醇溶液、刺激性药物等不宜制成胶囊剂。

（8）胶囊剂不宜做成儿童用药。

胶囊剂依据溶解与释放性，分为硬胶囊、软胶囊（胶丸）、缓释胶囊、控释胶囊和肠溶胶囊，此外还有植入胶囊、气雾胶囊、直肠和阴道胶囊及外用胶囊，但应用不广泛。

2. 胶囊剂的生产工艺流程

（1）硬胶囊剂的生产工艺流程

空胶囊的选择→填充内容物的制备→胶囊填充→胶囊抛光→质量检查→包装。

（2）软胶囊剂的生产工艺流程

原辅料的选择与处理→熔胶与配料→制丸→定型→洗丸→干燥→质量检查→包装。

二、常用胶囊剂生产设备

1. 全自动胶囊充填机

硬胶囊充填机按其工作方式可分为半自动胶囊充填机和全自动胶囊充填机（见图 3－14），生产中应用最广泛的是全自动胶囊充填机；按设备工作台运动形式又可分为间歇回转式和连续回转式，国内药品生产企业使用较多的是间歇回转式硬胶囊全自动充填机。下面以 NJP 全自动胶囊充填机为例进行介绍。

图 3－14　全自动胶囊充填机

（1）主要结构

NJP 全自动胶囊充填机属于间歇回转式，其主要结构包括转台、胶囊壳供给装置、胶囊壳方向限制装置、囊身与囊帽分离装置、粉粒体供给装置、填充装置、囊身与囊帽套合装置、成品排出和导向装置、自动剔废装置、模孔清洁装置等。

1）转台。转台为分度式，可按顺时针方向间歇旋转。转台外圈一般设置 8～12 个工位，每个工位又分为上、下两个模块。根据设备型号的不同，每个模块一般设有 3～12 个腔孔。上模块的腔孔内填入囊帽，下模块的腔孔内填入囊身。模块可根据胶囊规格调整。

2）胶囊壳供给装置。胶囊壳供给装置主要由料斗和孔槽落料器组成。孔槽落料器在驱动机构的带动下做上下机械运动。预套合且未锁的胶囊壳经料斗，由孔槽落料器连续不断地落入胶囊壳方向限制装置的接受孔中。

3）胶囊壳方向限制装置。胶囊壳方向限制装置又称顺向器。胶囊灌装工艺要求胶囊壳在模块内定向排列，即囊帽在上、囊身在下。胶囊壳方向限制装置分为水平叉和垂直叉，其原理是利用囊身与囊帽的直径差和重心差，使胶囊壳完成掉头。具体地说，由水平叉将胶囊壳向槽内推使其呈水平状态，由垂直叉将胶囊壳向下推使其呈垂直状态。水平状态下不同方向囊帽的胶囊壳重心不同，在受到垂直叉向下的作用力后，会呈现相反的下落姿态，使得反向的胶囊壳完成掉头。经顺向后的胶囊壳准确进入转台上对应的模块中。胶囊供给、掉头过程如图 3－15 所示。

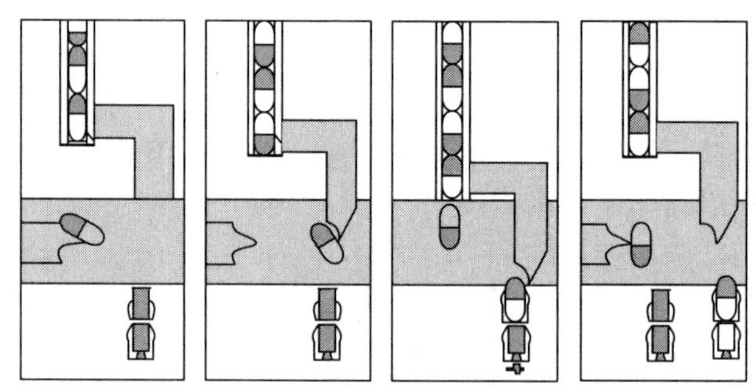

图 3－15　胶囊供给、掉头过程

4）囊身与囊帽分离装置。囊身与囊帽分离装置主要由真空泵、真空吸口及相应的管路组成。胶囊壳落入转台模块后，由真空吸口将整个胶囊完全吸入模块内，此时上、下模块竖直对正。同时，由于囊身与囊帽的直径差，直径较大的囊帽留在上模块内，而直径较小的囊身则进入下模块。分离后的囊身与囊帽随着转台的旋转进一步分离。

5）粉粒体供给装置。粉粒体供给装置通常由独立的电动机带动减速器输出轴连接的输粉螺杆工作。盛粉斗中的药粉或颗粒按工艺要求定量进入计量盛粉器腔内，借助转盘的转动和刮粉装置，将粉粒体送入计量盘中。计量盘为分度式，其腔孔与充填装置和转台模块的腔孔相匹配。

6）填充装置。NJP 全自动胶囊充填机的填充装置一般采用冲塞式间歇计量送粉。其主要由 6 组充填杆、计量盘、束环等构成。其他类型的计量送粉方式还有插管式、点滴式、双滑槽式、活塞式、连续式、真空式等。填入计量盘的疏松药粉，经 6 组充填杆的 5 次压缩，形成紧实的药粉柱。由最后一组充填杆，将药粉柱压入随转台转到计量盘下方的下模块内，实现胶囊填充。

7）囊身与囊帽套合装置。囊身与囊帽套合装置主要由下顶杆和限位板组成。随着转台旋转的上、下模块转入囊身与囊帽套合工位时，上、下模块竖直对正。下顶杆自下模块下方进入腔孔，顶住囊身上移。由于上模块上方存在限位板，囊身随即扣入上模块腔孔内的囊帽中。生产中调试时，应调整好下顶杆进入下模块的深度，以免过度挤压造成囊身与囊帽变形。

8）成品排出和导向装置。成品排出和导向装置主要由叉杆、滑槽和吹气口等组成。已套合的胶囊进入排出工位时，叉杆自下模块下方向上顶入，将胶囊顶出模块。胶囊因重力作用发生倾斜，此时吹气口吹出的压缩空气将胶囊吹入滑槽，胶囊随着滑槽落入接料桶内。

9）自动剔废装置。自动剔废装置主要由剔废推杆、收集盒等组成。剔废工位上、下模块处于分离状态，剔废推杆向上测试上模块，若上模块内存在被挤缩的、逆方向的、未分离的空胶囊，则此空胶囊被顶出。

10）模孔清洁装置。通过压缩空气和吸尘装置清除上、下模孔内残余的药粉或颗粒。

（2）工作原理

NJP 全自动胶囊充填机通过转台旋转，实现胶囊充填的操作。具体流程：胶囊壳的供给、掉头和打开（工位 1）→粉料填充（工位 2）→剔废（工位 3）→胶囊套合（工位 4）→胶囊排出（工位 5）→清洁模孔（工位 6）。转台旋转一周完成一套完整的胶囊填充过程。

（3）设备使用

基本操作方法如下：

1）按胶囊填充设备标准操作规程依次装好各个部件，连接空气压缩机，检查真空泵，开机调试设备，确认设备处于正常状态。

2）机器空运转，确认无异常后，将胶囊壳加入料斗中，药物粉末或颗粒加入盛粉斗。

3）试填充，调节装量，称重计算装量差异。

4）检查胶囊外观及套合、锁口情况。

5）确认符合要求后，按工艺要求设定好参数，设备开始正常填充。

6）每隔 15 min，检查胶囊外观、锁口、装量差异情况，做好记录。

7）生产结束，按要求关机、清场。

胶囊装量通过调节充填杆高度实现。一般来说，充填杆高度降低，胶囊装量增大；充填杆高度升高，胶囊装量减小。但应注意，充填杆高度不能过低，以免充填杆与计量盘发生磕碰。另外，当充填杆高度过高时，即使冲杆座下降到最低，充填杆底端平面仍高于计量盘上平面，此时充填杆无法压缩物料，对装量调节不起作用。

（4）维护保养

基本维护保养方法如下：

1）熟悉各部件的润滑要求，正确使用润滑油牌号，防止污染产品。

2）定期检查传动链条是否过松，如有过松现象，应调整张紧链轮，链条涂润滑脂。

3）定期检查主传动减速机的离合器是否过松，如有过松现象，应适量拧紧离合器螺母。

4）设备每运转 200 工时，检查分度箱润滑油是否在油位线上，检查上、下模块同轴度，检查计量装置的充填杆磨损情况等。

5）设备每运转 1 000 工时，检查轴承密封圈磨损情况，如有磨损及时更换；更换主传动减速机及供料减速器润滑脂；检查剔废机构、锁合机构、成品出料机构，更换磨损的轴承及零件。

2. 滚模式软胶囊机

软胶囊的制备方法有模压法、滴制法。滚模式软胶囊机（见图3－16）又称为轧囊机，采用的制备方法为模压法。

图3－16 滚模式软胶囊机

（1）主要结构

滚模式软胶囊机的成套设备由软胶囊压制主机、输送机、干燥机、电控柜、明胶桶和料桶等部分组成，其中，关键设备是软胶囊压制主机。

1）软胶囊压制主机。主机包括机座、机身、机头、供料系统、油滚系统、下丸器、明胶盒、润滑系统等。机座是主机整机支撑座，内置电动机一台，是主机的动力源。通过机带、齿轮、蜗轮蜗杆传动系统等，电动机的动力分配到机头、胶皮鼓轮、油滚系统、拉网轴等工作部件。

机头是主机的核心，两个滚模分别装在机头的左、右滚模轴上。右滚模轴只能转动；左滚模轴既可转动，又可横向水平运动。滚模间装入胶皮后，旋紧滚模的侧向加压旋钮，可将胶皮均匀压紧于两滚模之间。机头后部装有滚模“对线”调整机构，用来调整右滚模转动，使左、右滚模上的凹槽一一对准。滚模上有许多凹槽（相当于半个胶囊的形状），均匀分布在其圆周的表面，凹槽的排数与喷体的喷药孔数相等，凹槽的个数与供药泵冲程的次数及自身转数相匹配。滚模上凹槽的形状、大小不同，即可生产出形状、大小各异的软胶囊。

供料系统包括供料斗、供料泵、料液分配板、进料管、回料管、密封垫和喷体等。供料泵是供料系统的核心部分，料液经料液分配板分配后，部分或全部料液从楔形喷体喷出，其余料液沿回料管返回供料斗。供料泵左侧的调整手轮可以调整供料量。生产时，供料泵的转动必须和滚模的转动协调同步，以保证喷体注射料液与滚模上的凹槽对应。

供料板组合上装有开关杆，向外拉动开关杆可切断料液进入楔形喷体的通路，停止供料。楔形喷体内有两个圆柱孔，孔内装有电加热管，通过电控柜上温控仪的旋钮可调节电加热管的温度，以便加热喷体，进而加热其外侧的胶皮，以保证滚压胶囊时能可靠黏合。

胶皮成型装置主要部件是明胶盒和油滚系统。明胶液放置于明胶桶中，通过保温导管流入位于机身两侧的明胶盒中。明胶桶与明胶盒具有保温加热功能，以保持明胶的流动性，防止明胶液冷却凝固。明胶液通过明胶盒均匀涂敷在两个旋转的胶皮轮上，从而形成胶皮。转动明胶盒两边的调整螺栓可控制胶皮的厚度和均匀度。

油滚位于机身左、右两侧，用来输送胶皮，并给胶皮表面涂一层液体石蜡。

下丸器在机头正前方的下部，用来拨落经滚压后未从胶皮上脱落的胶囊。

2）输送机。输送机用来输送软胶囊，它由机架、电机、链轮链条、输送带和调整机构等组成。调整机构用来张紧不锈钢丝编制的输送带，输送带向左运动时可将压制合格的胶囊送入干燥机内，向右运动时则将废胶囊送入废胶囊箱中。

3）干燥机。干燥机用来将合格的软胶囊经输送机后进行第一阶段的干燥和定型。干燥机由用不锈钢丝制成的转笼、电机、支撑板等组成。转笼正转时胶囊留在笼内滚动，反转时胶囊可以从一个转笼自动进入下一个转笼。鼓风机装在干燥机的端部，通过风道向各个转笼输送经净化的室内风。

4）电控柜。电控柜装有控制和显示软胶囊机工作状态的电气系统和仪表。

5）明胶桶。明胶桶分多层，用来盛装制备好的明胶液。夹层中盛软化水并装有加热器和温度传感器，外层为保温层。装在明胶桶下部的温控仪用来自动控制和显示夹层水温。打开底部球阀，明胶液可自动流入明胶盒。

6）料桶。料桶用来储存制备好的料液，打开底部球阀，料液可自动流进料斗内。

（2）工作原理

由主机两侧的胶皮轮和明胶盒共同制备的胶皮，相对进入滚模夹缝处，料液通过供料泵经导管注入楔形喷体内，借助供料泵的压力将料液及胶皮压入两滚模的凹槽中。滚模连续转动，将两条胶皮压合在一起，同时将料液包封于胶囊内，剩余的胶皮被切断分离成网状，收集到废胶桶中。

（3）设备使用

基本操作方法如下：

1）安装机头工作部件等，进行设备连接安装。

2）接通电源，将输胶管预热，按工艺要求设定明胶桶、料桶温度，调节喷体温度。

3）开启冷风机，设定好温度。

4）开启明胶桶压缩空气阀门，向明胶盒内注入适量明胶液。

5）向料斗中加入适量料液。

6）在输胶管、明胶桶、明胶盒温度达到要求后，启动电机，调节胶囊机转数。

7）打开明胶盒阀门，拉出胶皮，调节厚度，调节胶皮供油量，将胶皮按正确的顺序装入滚模中，合模。

8）落下喷体加热胶皮，调节模具间隙直至做出的空胶囊合格。

9）开注药开关，调节软胶囊的粒重及外观形状直至达到质量要求，调节制丸速度。

10）制丸正常后，开启定型滚笼和输送带，调节定型时间。

11）制丸完毕后，按序关机、清场。

（4）维护保养

基本维护保养方法如下：

1）定期检查电气系统中各组件和控制回路的绝缘电阻及接地的可靠性，以确保用电安全。

2）经常保持两侧胶皮轮上清洁无油，发现油污及时清洁、擦拭，防止腐蚀。

3）明胶盒和输胶管在停止使用后，必须及时清洁干净。

4）每班要检查主机传动同步带、输送机输送带及送丸器输送带的张紧程度，发现过松则应及时调整。

5）定期清理连接烘干机上风机罩的进风口，保证用风干燥、清洁与通畅。

3. 滴制式软胶囊机

滴制式软胶囊机是将明胶液与油状药液通过滴丸机喷嘴滴出，明胶液将定量的油状药液包裹后，滴入另一种不相溶的冷却液（如液体石蜡）中，明胶液被冷却并逐渐凝固成丸状的无缝软胶囊。滴制式软胶囊机主要由 4 部分组成，包括滴制部分、冷却部分、电气自控系统、干燥部分。

滴丸机工作时，将明胶、甘油、水和其他辅料盛放在化胶箱内，其底部有导管与热胶箱相连接。热胶箱利用电加热器加热，使明胶液保持恒温。在热胶箱内及药液箱底部均设置定量柱塞泵，由柱塞泵间歇地、定量地将热熔明胶液与油状药液喷出。明胶液通过连接管由上部进入喷头，沿喷头与滴嘴所形成的环隙滴出。在明胶液滴出的同时，药液通过连接管注入喷头内孔之中，自喷头滴出的药液就被包裹在明胶液里面，明胶液的表面张力使其自然收缩闭合成球状胶丸，滴入冷凝器的液体石蜡中。为保证液体石蜡不升温，在石蜡筒外通入冷却水加以冷却。

在软胶囊制造中，明胶液与油状药物的液滴分别由柱塞泵压出，将药物包裹到明胶液膜中以形成球状颗粒，这两种液体应分别通过喷嘴套管的内、外侧，在严格的同心条件下，先后有序地喷出才能形成软胶囊，而不致产生偏心、拖尾、破损等不合格现象。

思考与练习

1. 硬胶囊充填机如何实现胶囊壳顺向和掉头？
2. 硬胶囊充填机实现胶囊填充的工作流程是怎样的？如何进行维护和保养？
3. 滚模式软胶囊机的主要结构有哪些？其生产时的基本操作是怎样的？

实训项目三　湿法混合制粒机的使用与维护

一、实训目的

1. 能正确操作 GHL－10 型湿法混合制粒机。
2. 能对 GHL－10 型湿法混合制粒机进行日常维护。

3. 能判断并排除 GHL－10 型湿法混合制粒机的常见故障。

4. 通过课前查阅资料、课中小组学习、课后拓展练习，培养学生自主学习与小组协作的能力。

二、实训设备和场地

1. GHL－10 型湿法混合制粒机。

2. D 级洁净区或模拟车间。

三、实训内容与步骤

1. 设备安装

GHL－10 型湿法混合制粒机主体部分一般无安装件。

2. 开机操作

（1）检查混合、切割旋转方向是否符合要求。

（2）检查卸料气缸动作是否正确。

（3）检查进水、进气、出水是否正常。

（4）接通电源，控制面板显示主画面。

（5）接通压缩空气，调节压力至 0.4 MPa。

（6）空运转确认正常，关闭出料气缸。

（7）打开锅盖，按容积的 1/2 ~ 2/3 将粉料倒入锅内，盖上锅盖，启动搅拌桨进行混合。至设定的混合时间后，加入黏合剂，启动切割刀，设置两桨速度至中低速运转 1 ~ 2 min 后再调节搅拌桨运转至中高速，搅拌桨电流逐步升高，持续 2 ~ 5 min 后电流达到峰值，继续搅拌 1 min。如果电流达不到峰值，可再添加少量黏合剂，继续搅拌 1 ~ 2 min 即可。

（8）出料。触摸“出料开”键指示灯亮，出料门开启，在搅拌桨的推动下，颗粒即从出料口落入成品桶。

（9）关机。工作完毕，断开电源，关闭水阀门，关闭压缩空气阀门。

（10）清场。清洗设备，消毒。按照“先上后下、先里后外、先整后零”原则对操作室进行清场。

3. 日常维护与保养

（1）检查搅拌桨灵活性及气密情况。

（2）检查切割刀灵活性及气密情况。

（3）检查锅盖密封圈气密情况，判断是否老化。

（4）检查出料口密封圈气密情况，判断是否老化。

（5）检查压缩气管路是否存在破损、漏气现象。

4. 常见故障与排除

湿法混合制粒机常见故障与排除方法见表 3－1。

表 3－1　湿法混合制粒机常见故障与排除方法

常见故障	原因	排除方法
气缸发生故障	活塞杆损伤	修理
	活塞杆断油	加油（脂）
	气缸内有异物黏着	清洗
材料从主机容器中溢出	密封圈损伤	更换密封圈
	容器法兰压不紧	调整
	卸料阀不到位	调整位置
容器顶盖操作不方便	铰链断油	加油（脂）
	铰链错位	校正
出现噪声和振动	切割刀或搅拌桨变形	校正
	切割刀或搅拌桨轴承断油	加油（脂）
	电机过载	调整
	减速箱不正常	修理

四、实训测评

按表 3－2 所列实训评分标准进行测评，并做好记录。

表 3－2　实训评分标准

序号	考核内容	考核标准	配分	得分
1	零部件辨识	能正确辨识设备零部件名称	10	
2	设备使用	① 开机前检查 ② 正确开机，设置参数 ③ 空转试运行 ④ 制粒操作 ⑤ 正确出料 ⑥ 关机操作 ⑦ 清场	40	
3	日常维护与保养	能正确维护和保养设备	20	
4	故障排除	能正确分析设备故障原因，采取正确措施排除故障	20	
5	其他	① 安全使用设备 ② 正确回答老师提问	10	
合计			100	

实训项目四　旋转式压片机的使用与维护

一、实训目的

1. 能正确操作 ZP－35B 型旋转式压片机。

2. 能对 ZP－35B 型旋转式压片机进行日常维护。

3. 能判断并排除 ZP－35B 型旋转式压片机的常见故障。

4. 通过课前查阅资料、课中小组学习、课后拓展练习，培养学生自主学习与小组协作的能力。

二、实训设备和场地

1. ZP－35B 型旋转式压片机。

2. D 级洁净区或模拟车间。

三、实训内容与步骤

1. 设备安装

（1）安装前准备

1）更换状态标志牌。

2）检查设备各部位是否正常。

3）检查冲模是否有缺边、裂纹、变形及卷边情况。

4）对中模、上冲、下冲、加料器托板、加料器、出料嘴、出料斗等可能与药物直接接触的零部件进行清洁和消毒。

（2）冲模安装

1）中模安装。将中模平稳放置于冲盘中模孔内，翻起嵌舌，将打棒穿入上冲孔，向下锤击中模将其打入模孔中，中模进入孔后以不高出转台平面为合格，然后将紧固螺栓固紧。

2）上冲安装。将上冲装入上冲孔内，检查上冲进入中模情况，以上下滑动灵活、无卡阻现象为合格，转动手轮至冲杆颈部接触平行轨。上冲全部装完后，翻下嵌舌，与平行轨接平。若上冲进入中模发生碰撞或摩擦，则松开中模台板固定螺栓（两个），调整中模台板固定的位置，使上冲进入中模孔中，再旋紧中模台板固定螺栓，如此调整，直到上冲进入中模时无碰撞或摩擦才为安装合格。

3）下冲安装。打开侧门，取下下冲平行轨盖板，将下冲送入下冲孔内，同时摇动手轮使下冲进入下冲轨中。依次将下冲全部装完后，将下冲平行轨盖板装回并紧固螺栓。

（3）加料部件安装

1）加料器安装。将月形栅式回流加料器置于中模转盘上，用螺栓匀称锁紧，底平面与转台间隙为 0.05 ~0.1 mm。调整刮粉板与转台面贴平，拧紧螺栓。

2）加料斗安装。将加料斗从设备上部放入，调整出料嘴与转台的间隙。

（4）安装检查

待设备安装完毕后，用手盘车，使转盘旋转 1 ~2 周，观察上、下冲在各轨道及在各孔中上下移动时有无卡阻和不正常的摩擦声。

2. 开机操作

（1）启动压片机前，先卸压或者减填充。

（2）接通操作台左侧电源，面板上电源指示灯点亮，压力/转速显示仪显示压力，转速显示“0”，其余元件应无指示。

（3）连接好吸尘器接口，开启吸尘器。

（4）将颗粒加入加料器内，用手转动转盘使颗粒填入模孔内。

（5）按下启动按钮，然后旋转变频调速电位器旋钮至低速。

（6）按增压（解压）按钮，反复升降压力，将管道中残余空气排出，根据生产工艺设定压片压力。

（7）根据出片的质量、厚度进行调节，使压出的片剂符合工艺要求。

（8）旋转变频调速电位器旋钮至高速，进入正常生产状态。

（9）操作结束，若料斗内所剩颗粒较少时，调整充填装量并降低车速。若料斗内接近无颗粒时，将变频调速电位器调至零位，然后关闭主电机。待设备停下后，将料斗内所余物料放出，盛入规定容器。

（10）填写设备运行记录。

3. 日常维护与保养

（1）每批生产结束后，用真空管吸出操作台内粉粒。

（2）将拆卸后的冲模、加料部件等依次用饮用水、纯化水擦拭干净，对冲模涂抹防锈油，对加料部件进行消毒。

（3）对整机进行清洁消毒，并检查各部件有无松动、损坏或泄漏。

（4）按照设定的工作时间和休止时间周期润滑。

4. 常见故障与排除

ZP –35B 型旋转压片机常见故障与排除方法见表 3 –3。

表 3 –3　　ZP –35B 型旋转压片机常见故障与排除方法

常见故障	原因	排除方法
设备无法启动	故障灯亮表示有故障待处理	根据各灯显示，维修故障
压力轮不转	轴承损坏	更换轴承
	润滑不足	加润滑油

续表

常见故障	原因	排除方法
上冲或下冲过紧	上、下冲头或冲模清洗不干净或冲头变形	拆下冲模进行清洁或更换冲模
设备振动过大或有异常声音	车速过快	减慢车速
	冲头未装好	重新安装冲头
	塞冲	清理冲头，加润滑油
	压力过大，压力轮不转	调低压力

四、实训测评

按表 3 -4 所列实训评分标准进行测评，并做好记录。

表 3 -4　　实训评分标准

序号	考核内容	考核标准	配分	得分
1	零部件辨识	能正确辨识设备零部件名称	10	
2	设备安装	① 正确安装中模 ② 正确安装上冲 ③ 正确安装下冲 ④ 正确安装加料部件	20	
3	设备使用	① 按流程开机、试机 ② 参数设置 ③ 充填调节器使用 ④ 片厚调节器使用 ⑤ 加料器使用	30	
4	日常维护与保养	能正确维护和保养设备	10	
5	故障排除	能正确分析设备故障原因，采取正确措施排除故障	20	
6	其他	① 安全使用设备 ② 正确回答老师提问	10	
合计			100	

实训项目五　硬胶囊充填机的使用与维护

一、实训目的

1. 能正确操作 NJP -400 全自动胶囊充填机。
2. 能对 NJP -400 全自动胶囊充填机进行日常维护。
3. 能判断并排除 NJP -400 全自动胶囊充填机的常见故障。

4. 通过课前查阅资料、课中小组学习、课后拓展练习，培养学生自主学习与小组协作的能力。

二、实训设备和场地

1. NJP－400 全自动胶囊充填机。
2. D 级洁净区或模拟车间。

三、实训内容与步骤

1. 设备安装

（1）安装前准备

1）更换状态标志牌。

2）检查设备各部位是否正常。

3）检查铜固定块、剂量盘、定位板、固定板、内圈、外圈、冲杆座、加料斗、搅拌桨、转台面等可能与药物直接接触的零部件是否已清洁、消毒。

4）检查不锈钢水桶中的水是否在桶底部至回流口 2/3 处。

5）检查吸尘装置、捕尘袋是否已安装。

（2）正确安装

1）按照规定依次装好铜固定块、剂量盘、固定块、定位板、内圈、外圈、冲杆座等零部件。安装 1 号冲杆座时，先将 1 号冲杆座刻度与小铁片重合，然后依次装上 2 号、3 号、4 号、5 号冲杆座，放上垫片，拧紧螺母（6 个）。调节 0 号冲杆座，使冲杆露出剂量盘底部 2 mm，调节 1 号、2 号、3 号、4 号、5 号冲杆座与剂量盘保持水平状态。

2）装上物料探头、有机玻璃板、搅拌桨及加料斗，调节加料斗高度。

（3）安装检查

用手轮柄转 6 圈，确认无异常情况，卸下手轮柄。

2. 开机操作

（1）打开总电源开关和设备开关，进入 PLC（可编程逻辑控制器）界面的中文画面，手动操作，点动 3 ~5 次，确认正常后，将频率调至 10 Hz，按动界面上的“主机”按钮，慢慢升高频率至 25 Hz，然后慢慢降低频率至 10 Hz，确认正常。

（2）依次按动界面上的“真空”“吸尘”“加料”按钮，确认工作正常。

（3）加入胶囊壳，依次按动界面上的“真空”“吸尘”“主机”按钮，待胶囊排满后打开胶囊壳控制开关，确认各工位工作正常。

（4）加入物料，调节冲杆高度，使胶囊达到要求的装量（冲杆向下质量增大，冲杆向上质量减小）。

（5）装量调节至规定要求后，进行正式生产，每隔 15 min 取 10 粒胶囊称重，每隔 60 min 取 20 粒胶囊做一次装量差异检查。

（6）生产结束，依次按动界面上的“主机”“吸尘”“真空”按钮。

（7）关机，取出胶囊壳和剩余物料，进行清场操作。

（8）填写记录。

3. 日常维护与保养

（1）批生产结束后，用真空管吸出机台内粉粒。

（2）用小推车将拆卸后的加料斗、搅拌桨、冲杆座、外圈、内圈、定位板、固定板、剂量盘和铜固定块转移至清洗间进行清洗消毒，消毒完毕后转移至胶囊填充室。

（3）对整机进行清洁消毒，并检查各部位连接螺栓是否紧固。

（4）检查润滑部位，加注润滑油脂，轴承、凸轮滚轮涂润滑脂。

（5）检查运动部件、真空过滤器、管路是否清洁。

4. 常见故障与排除

NJP－400 全自动胶囊充填机常见故障与排除方法见表 3－5。

表 3－5　　NJP－400 全自动胶囊充填机常见故障与排除方法

常见故障	原因	排除方法
胶囊壳下料不畅	胶囊壳受潮	胶囊壳储存时注意防潮
	有异物阻塞	将异物取出
	胶囊壳尺寸不一，质量不合格	更换合格的胶囊壳
囊帽、囊身分离不良	药粉太黏，将模块堵住	清洗模块
	模块没有对好	用调试杆调对模块，直到自动落位
	模块与囊壳分离器间隙过大	调节囊壳分离器处的高度或模块里的伸缩杆
	真空度过小	更换胶囊充填机真空泵，更换胶囊充填机气管，清理过滤膜，更换大一点的水流管道
胶囊壳无法装入模板孔内	卡囊簧片开合时间不当	调整卡囊簧片
	推囊爪及压囊爪位置不当	调整位置
不自动加料	电路接触不良	参考电气原理图检查相应的电路，由电工排除故障
	料位传感器或供料电器损坏	检查或调整传感器灵敏度，清理传感器接近开关
胶囊头与尾凹进去	胶囊壳质量不合格	更换胶囊壳
	顶针高度不合适	查看顶针处，检查是否需要调节顶针的高度
突然停机	盛粉斗内药粉用完	添加药粉
	盛粉斗出料口受阻	排除异物
	电控元件故障	检修

四、实训测评

按表 3－6 所列实训评分标准进行测评，并做好记录。

表 3-6　实训评分标准

序号	考核内容	考核标准	配分	得分
1	零部件辨识	能正确辨识设备零部件名称	10	
2	设备安装	① 正确安装剂量盘 ② 正确安装冲杆座 ③ 正确安装固定板 ④ 正确安装定位板 ⑤ 正确安装内、外圈 ⑥ 调整刻度	20	
3	设备使用	① 按流程开机、试机 ② 参数设置 ③ 风机使用 ④ 真空泵水源检查 ⑤ 吸尘装置使用	30	
4	日常维护与保养	能正确维护和保养设备	10	
5	故障排除	能正确分析设备故障原因，采取正确措施排除故障	20	
6	其他	① 安全使用设备 ② 正确回答老师提问	10	
合计			100	

第四章

口服液体制剂生产设备

口服液体制剂是指药物以分子、离子或微粒（包括小液滴）状态分散在以水为主要溶剂的液态介质中制成的口服液体形态的制剂。其应用广泛，方便，安全，药物的吸收比其他口服制剂快且完全。常见的口服液体制剂主要有口服液剂和糖浆剂，如日常生活中经常看到的双黄连口服液、急支糖浆等。其生产线中主要设备的来源有两类，一类从抗生素粉针剂生产线设备演变而来，另一类是借鉴安瓿洗烘灌封联动机组及糖浆剂生产设备而来。本章主要介绍口服液剂和糖浆剂的生产设备。

§4－1　口服液剂生产设备

学习目标

1. 掌握口服液剂常用设备的结构、原理和操作步骤。
2. 熟悉口服液剂常用设备的维护和保养。
3. 了解口服液剂常用设备的故障及排除方法。

一、概述

1. 口服液剂简介

口服液剂是指采用适宜的方法，用水或其他溶剂对药材进行提取制成的单剂量灌装的口服液体制剂。

口服液剂是在中药汤剂的基础上发展起来的，是集汤剂、糖浆剂、注射剂优点于一身的新剂型。口服液剂吸收了中药注射剂的工艺特点，将汤剂进一步精制、浓缩、灌封、灭菌而制得。

口服液剂具有以下特点：服用量小，口感好，易为患者尤其是幼童所接受；吸收快，质量稳定，疗效确切；携带、保存、服用方便；生产设备和工艺条件要求较高，成本也相对较高。

2. 口服液剂的生产工艺流程

口服液剂的制备过程包括中药材有效成分的提取、提取液的净化浓缩、配液、灌装与封口、灭菌、质量检查、贴签与包装等。其生产工艺流程如图 4－1 所示。

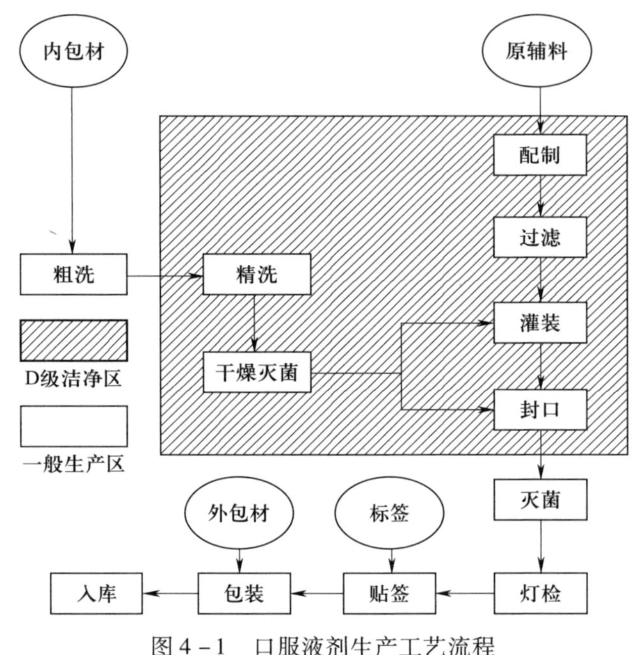

图 4－1 口服液剂生产工艺流程

二、常用口服液剂生产设备

1. 洗瓶设备

玻璃口服液瓶在制造和运输过程中难免会受到微生物和尘埃的污染，因此在灌装前应对其进行清洗和干燥灭菌。

常见的洗瓶设备有喷淋式洗瓶机、毛刷式洗瓶机、超声波式洗瓶机。

（1）喷淋式洗瓶机

喷淋式洗瓶机由离心机、滤水器和喷淋盘等组成。水经过离心机加压后，经滤水器进入喷淋盘，由喷淋盘将高压水分成多股激流，将瓶内外冲洗干净。这类设备人工参与操作较多，设备档次较低。

（2）毛刷式洗瓶机

毛刷式洗瓶机以毛刷的机械动作配以碱水、饮用水、纯化水完成瓶子的清洗。这类设备对于粘牢的污物和死角处不易彻底清洗干净，而且毛刷容易掉毛，难免落入瓶中，设备档次也较低。

（3）超声波式洗瓶机

超声波式洗瓶机是较为先进且能实现连续操作的清洗设备，具有结构简单、省时省力、清洗成本低等优点，可单机使用，也可与其他设备联动使用，在企业较为常用。它的工作原理是利用超声波振动使液体产生空化效应，液体内部产生瞬间高压，其强大的能量连续不断地冲击物体表面，使污物迅速剥离，从而达到清洁的目的。

超声波式洗瓶机主要有转盘式和转鼓式两种。

1）转盘式超声波洗瓶机（见图4－2）具体内容如下：

① 主要结构。转盘式超声波洗瓶机结构如图4－3所示，主要由电机、控制器、超声波发生器、水箱和转盘等几部分组成。转盘固定于垂直轴上，上面均匀分布有机械手。

图4－2　转盘式超声波洗瓶机

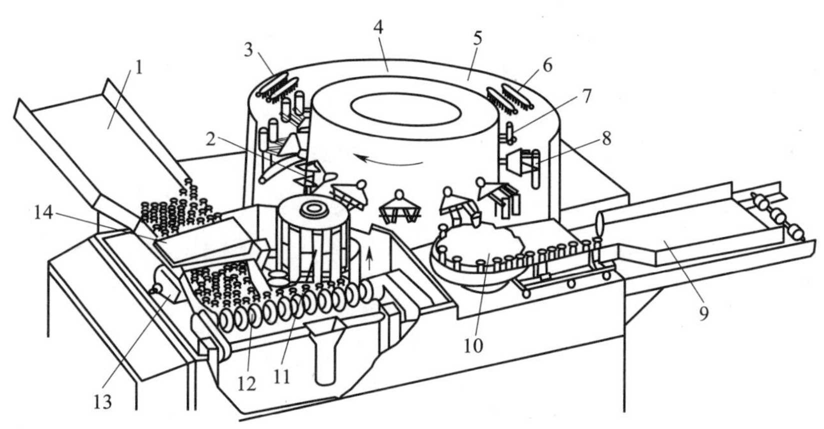

图4－3　转盘式超声波洗瓶机结构

1—料槽　2—翻瓶工位　3、4、6—喷水工位　5、7、8—喷气工位　9—出瓶滑道
10—拨瓶盘　11—提升轮　12—送瓶螺杆　13—换能器　14—淋水器

② 工作原理。单机使用时，由人工将玻璃瓶口朝上置于料槽中，瓶子受重力作用而下滑，位于料槽上方的淋水器将水注入下滑途中的玻璃瓶中。当注满水的玻璃瓶滑至水箱中水面以下时，在超声波振动作用下，水在与瓶体的接触面上产生空化效应，对玻璃瓶内外进行清洗。经过超声波初步洗涤的玻璃瓶，由送瓶螺杆理齐并逐个送入送瓶器中。送瓶器由提升轮带动做匀速回转的同时，也做升降运动，提升轮转动1周，送瓶器完成接瓶、上升、交瓶

和下降的完整动作，将玻璃瓶依次送入大转盘的机械手中。在转盘内周向均匀分布13个机械手以及喷水的射针和喷压缩空气的喷针，进入转盘的玻璃瓶依次在转盘内完成翻转（瓶口朝下）、循环水冲洗、压缩空气吹干、新鲜水冲洗、压缩空气吹干和再翻转等动作，完成对玻璃瓶3次水和3次气的交替冲洗后，由拨瓶盘送出清洗后的玻璃瓶。

③ 设备使用。基本操作方法如下：

a. 检查超声波洗瓶机是否正常，纯水、洁净压缩空气是否符合要求。

b. 打开纯水阀门向储水箱内加水，当储水箱溢水口流水时，打开超声波洗瓶机水泵（严禁无水开启水泵），再调节进水量。

c. 打开主电机启动开关，检查进瓶机构、出瓶机构等系统方向是否正确。

d. 打开进瓶机构、输送网带、出瓶机构启动开关，调节速度至慢速，使口服液瓶逐步从输送网带进入理瓶盘，并慢慢进入翻瓶轨道直到充满整个翻瓶轨道，加快速度至正常运转速度。

e. 生产结束后停机：依次按下主机停机按钮、输送网带停止按钮、水泵停止按钮，关闭纯水控制阀门，分别打开清洗槽和储水箱下的控制阀门，排空储水箱内的水。

f. 将机器外部的污垢、水滴用洁净布擦干净。

④ 维护保养。首次使用该清洗机时，必须先用无盐水冲刷纯水管道、洁净压缩空气管道和水泵的管道。

⑤ 故障及排除方法。当有卡瓶现象时，应立即按下急停开关，再停纯水、洁净压缩空气。检查翻瓶轨道是否有异样瓶和倒瓶，检查并处理完毕后再正常开机。

2）转鼓式超声波洗瓶机具体内容如下：

① 主要结构。转鼓式超声波洗瓶机主要结构如图4-4所示。与转盘式超声波洗瓶机的不同之处在于，该设备利用水平轴拖动鼓状转盘做间歇性旋转。转鼓上分布有喷射管，与转鼓相对应的固定盘上配置有循环水、纯水和压缩空气接口。

② 工作原理。单机使用时，由人工将玻璃瓶口朝上置于储瓶盘中，瓶子受重力作用下

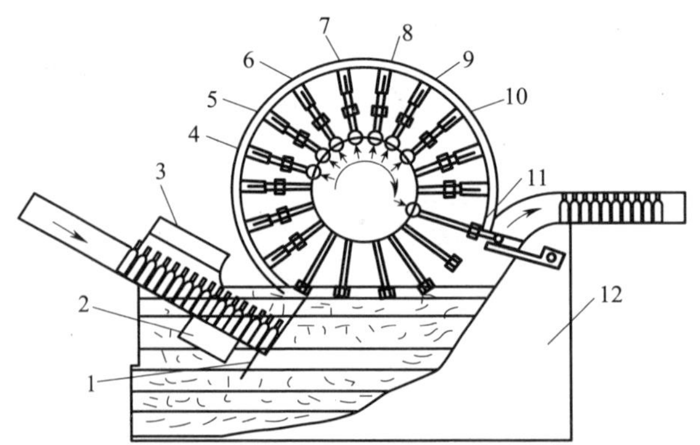

图4-4 转鼓式超声波洗瓶机主要结构

1—推瓶器 2—换能器 3—注水工位 4、5—循环水冲工位 6、8、9、10—气冲工位 7—水冲工位 11—出瓶工位 12—水箱

滑至注水工位，注水后的瓶子进入水箱中进行超声波清洗，瓶子继续下滑并进行排列。借助于导向装置，成列的瓶子被推至转鼓的针管上，当转鼓转动到相应工位时，依次进行循环水冲洗、压缩空气吹干、新鲜水冲洗和压缩空气吹干等操作，旋转近1周后处于水平位置的瓶子由出瓶口成列推出。

设备使用、维护保养、故障及排除方法基本同转盘式超声波洗瓶机。

2. 灭菌干燥设备

口服液瓶的灭菌干燥设备比较多，较为常用的是柜式电热烘箱和隧道式灭菌干燥机。

（1）柜式电热烘箱（见图4－5）

1）主要结构。柜式电热烘箱主要结构如图4－6所示，由箱体、加热器、温度传感器、隔板和循环风机等部分组成。

图4－5　柜式电热烘箱

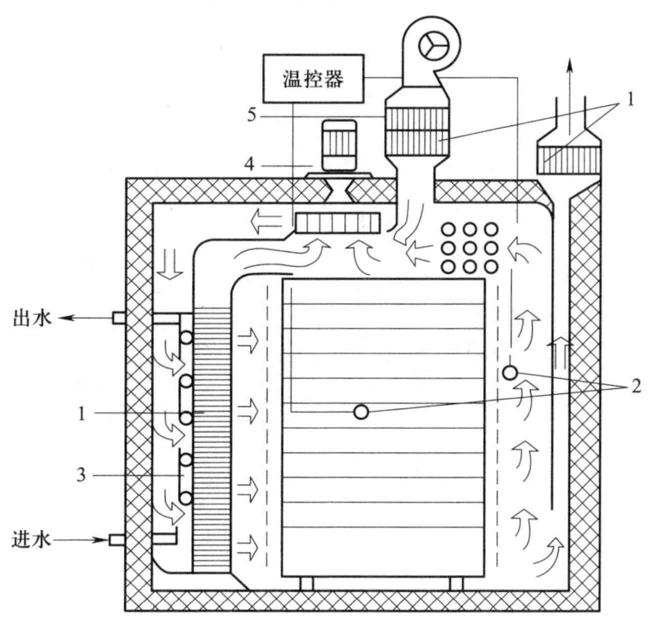

图4－6　柜式电热烘箱主要结构

1—高效空气过滤器　2—温度传感器　3—冷却器　4—循环风机　5—中效空气过滤器

2）工作原理。玻璃瓶以盘装形式置于隔板之上后关闭箱门。启动开关，加热器工作，新鲜空气经加热并过滤后形成干热空气，在风机的作用下均匀流向灭菌室，玻璃瓶受热，水分汽化，蒸汽由排气口排出。灭菌完成后，循环风继续运转进行灭菌物品的冷却，也可通过冷却水进行冷却。

（2）隧道式灭菌干燥机

1）主要结构。隧道式灭菌干燥机主要结构如图4－7所示，由加热装置、高效空气过滤器、风机、机架、不锈钢网状输送带、传动装置和电控系统等部分组成。图4－8、图4－9分别为隧道式层流灭菌干燥机和隧道式远红外灭菌干燥机实物图。

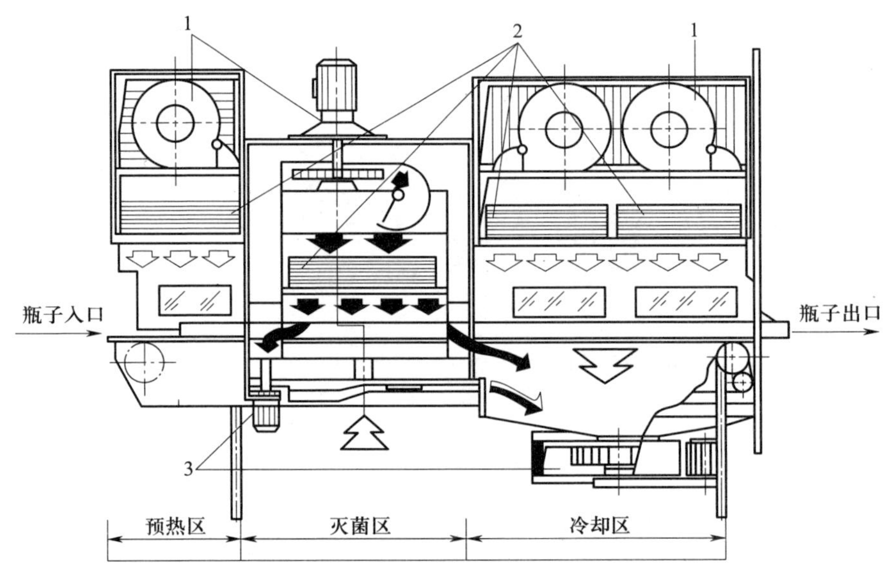

图4－7　隧道式灭菌干燥机主要结构

1—风机　2—高效空气过滤器　3—排风机

图4－8　隧道式层流灭菌干燥机实物图

2）工作原理。根据加热方式的不同，隧道式灭菌干燥机可采用热空气层流消毒原理、远红外辐射加热消毒原理或微波加热消毒原理来实现灭菌，具有传热速度快、热空气温度及流速均匀、灭菌充分、无低温死角、无尘埃污染、灭菌时间短、效果好和生产能力高等优点。该设备为连续式灭菌设备，前段可与洗瓶机相连，后段可与灌封机相连，组成生产联动线。

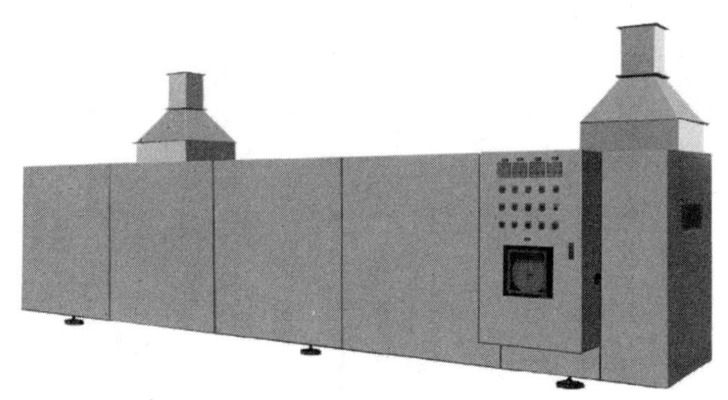

图 4－9　隧道式远红外灭菌干燥机实物图

以隧道式层流灭菌干燥机为例，设备先将高温热空气流经过滤器过滤，获得 A 级洁净空气，洗净的玻璃瓶由输送带送入灭菌隧道的预热区。预热后的瓶子进入高温灭菌区，此处层流高温洁净空气使瓶子的温度迅速升高，瓶子停留 10 或 20 min 后进入冷却区，层流空气将瓶子冷却至接近室温并送出隧道，瓶子进入下一工序。整个工作过程大约需要 40 min。

3）设备使用。基本操作方法如下：

① 做好开机前检查。

② 打开总电源开关，按要求设定隧道工作温度，启动前、后层流风机和热风机的电源开关，待工作温度升至设定温度值并稳定后方可开始工作。

③ 灭菌完成后先关闭电热开关，待风机自动停机后再关闭总电源开关。

4）维护保养。基本维护保养方法如下：

① 应对设备的外表面和内部均进行清洁，包括网状输送带及链轮、各段箱体内壁、高温箱体下部及排风通道等。

② 定期对机器的运动部件进行检查与润滑保养，包括网状输送带、风机和轴承。

③ 定期检测过滤器是否松动或堵塞，管道是否堵塞，电气元器件以及电缆线接头是否松动，电缆线是否老化，压缩空气管道是否老化漏气等。

④ 应及时更换空气过滤器。

5）故障及排除方法。隧道式灭菌干燥机较为常见的故障是网状输送带停止运转。如果是网状输送带因受热后变形导致的，且形变不能恢复，则需要更换网状输送带；如果是冷却段网状输送带跳出了导向齿轮，则将网状输送带拉回导向齿轮内即可。

3. 灌封设备

灌封设备是口服液剂生产过程中的主要机械设备，其结构可按功能划分为 3 个部分：容器输送机构、液体灌注机构和加盖封口机构。

根据灌封过程中口服液瓶输送形式的不同，灌封设备可分为直线式灌封机（见图 4－10）和回转式灌封机两种。

（1）直线式灌封机

1）主要结构。直线式灌封机主要由理瓶机构、输瓶机构、挡瓶机构、灌装机构以及动

图 4 - 10　直线式灌封机

力部分组成。图 4 - 11 所示为四泵直线式灌封机结构。

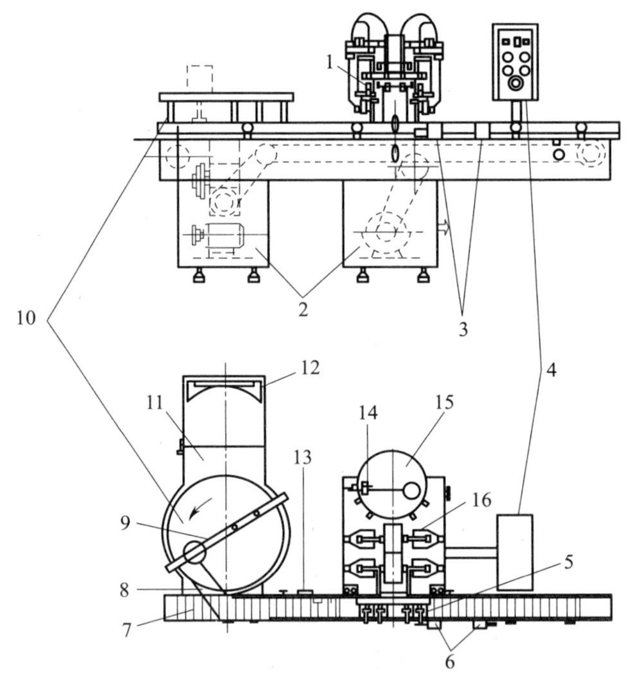

图 4 - 11　四泵直线式灌封机结构

1—定向器　2—电器箱　3、6—挡瓶器　4—控制面板　5—喷嘴调节器　7—输送带　8—输瓶轨道　9—拨瓶杆　10—理瓶转盘　11—储液盘　12—推瓶板　13—限位器　14—液位阀　15—储液槽　16—计量泵

2）工作原理。电机带动理瓶转盘旋转，位于理瓶转盘上的拨瓶杆将瓶子送入输瓶输送带上呈单行排列，挡瓶机构将瓶子定位于灌装工位。在灌装工位，由曲柄连杆机构带动计量泵将待装液体从储液槽内抽出，通过喷嘴注入输送带上的空瓶内。挡瓶机构再将灌装后的瓶子送至输送带上送出。

（2）回转式灌封机（见图 4 - 12）

1）主要结构。回转式灌封机主要结构如图 4 - 13 所示。按功能不同，回转式灌封机分为传动机构、容器输送机构、液体灌注机构、送盖机构和加盖封口机构等部分。

图 4－12　回转式灌封机

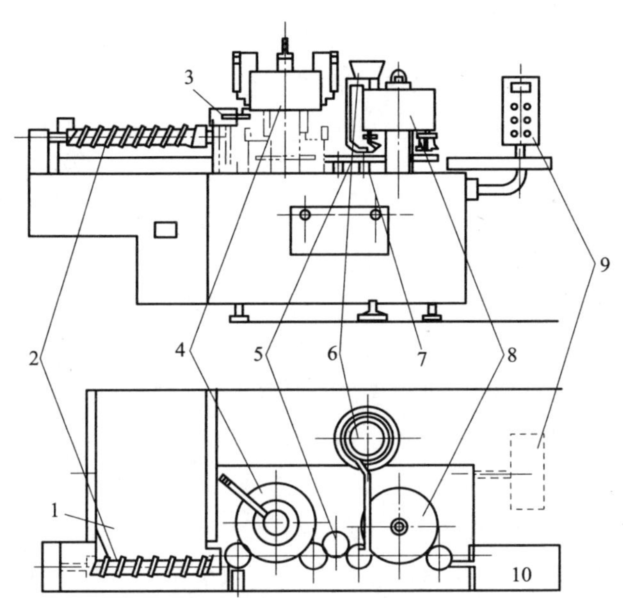

图 4－13　回转式灌封机主要结构

1—储瓶盘　2—绞龙送瓶机构　3—控制无瓶　4—储液槽　5—拨瓶轮组
6—输盖机构　7—下盖口　8—轧盖机构　9—控制面板　10—出瓶盘

2）工作原理如下：

① 传动机构由电机经带轮将动力传给减速机蜗轮轮轴，再由蜗轮轮轴通过各齿轮将动力传到拨轮轴及灌装部分和轧盖头。灌装部分与轧盖头及各拨轮同步动作，并通过锥齿轮将动力传到进瓶拨轮装置。

② 容器输送机构将容器定量、定向、定时地输送至相应工位，口服液瓶多采用绞龙（螺旋输送）送入机构。

③ 液体灌注机构一般采用常压灌装，即依靠液体自重产生流动，从而使药液从计量筒或储液槽灌入包装容器，灌注量可采用阀式、量杯式和等分圆槽定量控制。灌针随着液面的

上升而上升，从而起到消泡作用。

④ 送盖机构由输盖轨道、理盖头及戴盖机构组成。理盖头采用电磁螺旋振荡原理，将杂乱的盖子理好排队，经换向扭道进入输盖轨道，经过戴盖机构时，再由瓶子挂着盖子经过压盖板，使帽子戴正。

⑤ 口服液瓶戴好盖子转入轧盖头转盘后，已经张开的三把轧刀将以瓶子为中心，随转盘向前转动，在凸轮的控制下压住盖子。这时三把轧刀在锥套的作用下，同时向盖子轧去，轧好后，同时离开盖子回到原位。

3）设备使用。基本操作方法如下：

① 打开电源开关，操作屏亮。

② 将各计量泵及管路里的空气预先排尽。

③ 将储瓶盘装满瓶子，打开进液阀，使储液槽装满药液，打开理盖开关，再进行理盖调速，加大振荡，使盖子理好进入送瓶轨道。

④ 选择“主机操作”中的“灌针复位”，等灌针复位动作结束后，再将“主机操作”中的“手动/自动”设置为“自动”，在“灌装设定”菜单中选择“无瓶不灌”，并设置好灌装剂量，然后开启主机，慢慢将速度调到合适的状态，观察供盖系统，看盖子是否供应及时，否则加大振荡。

⑤ 灌装结束停机时，先将速度调至零位，再依次关闭灌装、主机、理盖开关。

4）维护保养。基本维护保养方法如下：

① 灌装机对放置环境有着严格的要求，必须保障室内的湿度适中、通风良好以及卫生清洁。

② 电压不稳对机械造成的损坏相当大，在使用前必须确保电源正常及接地线安全。

③ 灌装机运转前必须用无纺软布加清洗剂擦去油污或污垢并擦干，使用完毕后要把剩余的物料全部取出，防止物料腐蚀设备。

④ 定期对机器进行大清理。

⑤ 定期在灌装机机械各部件位置添加润滑油，减小摩擦阻力，使机械运转顺畅。

⑥ 周期性清理机箱内的灰尘、垃圾。

⑦ 定期检查机械各部件的松紧情况。

5）故障及排除方法如下：

① 灌装剂量不准确或者不出药液：检查确认上、下节流阀是否关闭，增大气缸节流阀抽液速度，确认快装三通是否用卡箍锁死，确认储液槽内是否有足够的药液，确认各管连接处是否密封。

② 设备气缸活塞不运作：确认安全急停开关是否安全，确认气源开关是否打开，确认单向信号阀是否损坏。

③ 启动后曲柄不能正常转动：当固定杆较低时，注射器推液时内、外管易卡紧，使曲柄不能转动，应该松开螺母，将上固定杆移到适当位置后，再拧紧螺母；注射器组装时，内、外管不干净易卡紧，应将注射器拆下清洗；若轴承部未安装注液系统，需要重新安装。

4. 贴签设备

药品生产企业常用的贴签设备有很多种类，按贴签功能可分为圆瓶贴签机、平面贴签机、侧面贴签机等，按标签可分为不干胶贴签机、浆糊贴签机、热熔胶贴签机等，按自动化程度可分为手动贴签机、半自动贴签机、全自动贴签机等，按贴签速度可分为低速贴签机、中速贴签机、高速贴签机等。其中，全自动圆瓶贴签机在口服液体制剂生产中应用较为广泛，故本节选择该设备做主要介绍。

（1）主要结构

全自动圆瓶贴签机主要结构包括分料机构、输送结构、收料结构、覆签结构、贴签头、触摸屏、电箱、打码机等，如图4－14所示。全自动圆瓶贴签机一般可分为立式和卧式两种，如图4－15、图4－16所示。

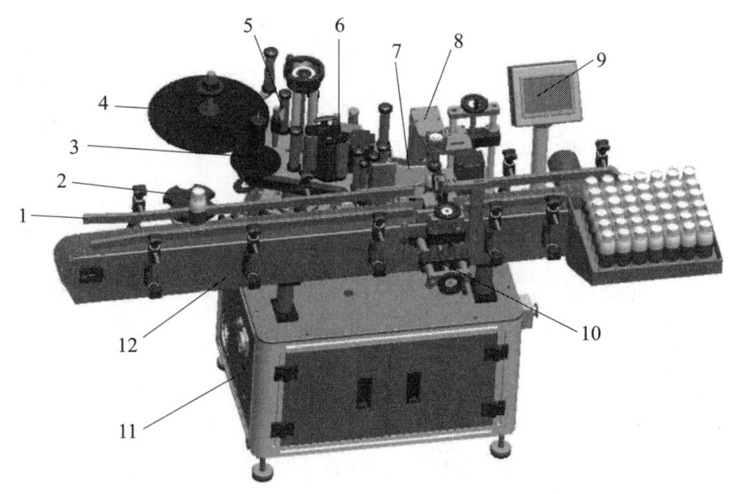

图4－14　全自动圆瓶贴签机主要结构

1—导向机构　2—分瓶机构　3—收料机构　4—料盘　5—压签机构　6—牵引机构
7—剥签板　8—覆签机构　9—触摸屏　10—定位机构　11—电箱　12—输送机构

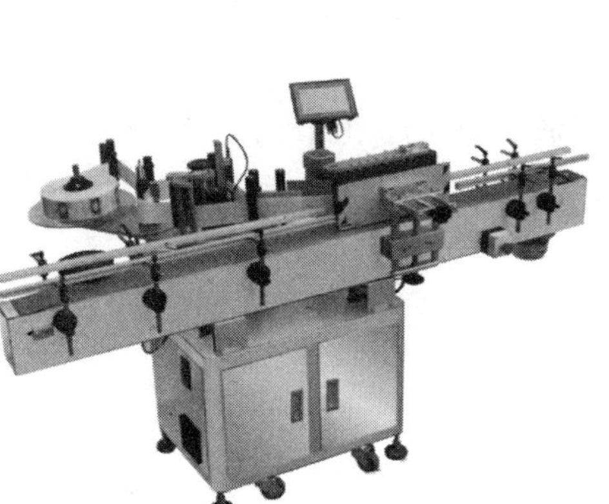

图4－15　全自动立式圆瓶贴签机

图4－16　全自动卧式圆瓶贴签机

（2）工作原理

分瓶轮将瓶子分开，放到输送带上，传感器检测到瓶子经过时，将信号传回贴签控制系统，贴签控制系统在适当位置控制相应电机送出标签。由于卷筒标签在装置上为张紧状态，当底纸紧贴剥签板改变方向运行时，标签由于自身材料具有一定的坚挺度，前端被迫脱离、准备贴签，此时瓶子恰好位于标签下部，在压签机构的作用下，标签贴附在待贴签位置上。当瓶子输送至覆签装置时，覆签带带动瓶子转动，标签被滚覆，一张标签的贴附动作即完成。

（3）设备使用

基本操作方法如下：

1）开机前检查确认设备已清洁消毒待用。

2）安装好标签卷。

3）接通电源、气源，设定温控表温度。

4）进入开机页面，设定相关参数，点击“运行”，设备开始工作。

5）操作完毕后，关闭电源与气源，按清洁操作规程对设备进行清洁。

（4）维护保养

基本维护保养方法如下：

1）保持本机整洁，每班做好覆签带、转台周边设施、电源线、触摸屏、急停按钮等的检查和各项清洁工作。

2）输送带、接地线每周检查一次，机内各光电开关每半年检修一次，电动机每年检修一次。

3）橡胶垫板、卷标带、同步带等损耗部件，使用至不能满足工作要求时，应及时更换。

（5）故障及处理方法

1）机器不能启动：原因可能为电源、连线连接问题，应检查电源、连线，同时确定急停按钮处于“释放”位置。

2）贴签相对同一水平线偏离过多，且偏离方向一致：可能是贴签机未水平放置，应适当调节地脚，使设备保持水平放置。

3）打印字迹不清：若温控表温度设定不合适，则适当调高打印温度；若打印头与打印橡胶垫的间隙不合适，则调节间隙；若色带质量有问题，则更换色带；若打印机停留时间设定不合适，则适当延长打印机停留时间。

4）色带经常断裂：原因可能为打码机故障导致色带卡住或打印停留时间过长，应检查打码机，如卷动色带灵活，可适当减少打印机停留时间。

5）出现漏贴签现象：原因可能为速度设定过快，可适当降速。

【小提示】

全自动圆瓶贴签机在操作时，应注意以下事项：卷标带、输送带等部件粘贴标签时，用酒精擦拭即可去除，禁止用利器刮除，以免损坏部件；设备外露表面不加任何润滑油或润滑脂，以免污染药品及产品。

5. 口服液剂生产联动线

联动线是现代化药品生产企业的理想生产模式，能确保产品质量高度稳定，实现生产自动化，提高生产率，节约人工，适用于规模化生产。口服液剂生产联动线主要包括洗瓶设备、灭菌干燥设备、灌封设备和贴签设备等。采用联动线生产的优点：口服液剂在各工序间由机械传输，减少了中间停留时间，灭菌干燥后的瓶子由传输装置直接送入平行流罩中，减小了产品受污染的可能性。因此，采用联动线生产能够保障口服液剂产品质量达到 GMP 要求，同时减少了人员数量和劳动强度，设备布置更为紧凑，车间管理也能得到改善。

口服液剂生产联动线的联动方式有两种，如图 4－17 所示。一种方式是各种单机以串联方式组成联动线，该联动方式要求各单机的生产能力要匹配，缺点是若其中一台单机出现故障，则会全线停产。另一种方式是分布式联动方式，它是将同一工序的单机布置在一起，完成工序后将产品集中起来，送至下一道工序。分布式联动方式能根据各台单机的生产能力和需要进行分布，可避免因一台单机故障而使全线停产，适用于产量很大的品种。

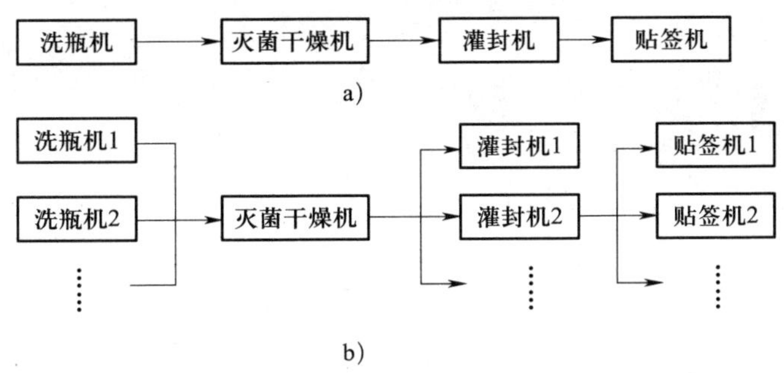

图 4－17　口服液剂生产联动线的联动方式

a）串联式联动方式　b）分布式联动方式

国内药品生产企业多采用串联式联动方式，各单机按照相同生产能力和联动操作要求协调的原则进行设计，确定各单机参数指标，尽量使整条联动线成本下降，节约生产场地。下面以最为常用的 YLX 型口服液剂自动灌装联动线为例进行介绍。

（1）主要结构

YLX 型口服液剂自动灌装联动线是工业生产中最常用的口服液剂灌封生产联动线，如图 4－18 所示，主要由回转式超声波洗瓶机、隧道式灭菌干燥机、口服液灌轧机组成，也可与灯检、贴签机配套。图 4－19 所示为口服液剂灌装联动机组。

（2）工作原理

1）口服液瓶由洗瓶机入口处送入后，经洗瓶机进行洗涤。

2）洗干净的瓶子被推入灭菌干燥机的隧道内，完成对瓶子的灭菌和干燥。

3）隧道内的输送带将瓶子送到出口处的振动台，由振动台送到灌封机入口处，再由输

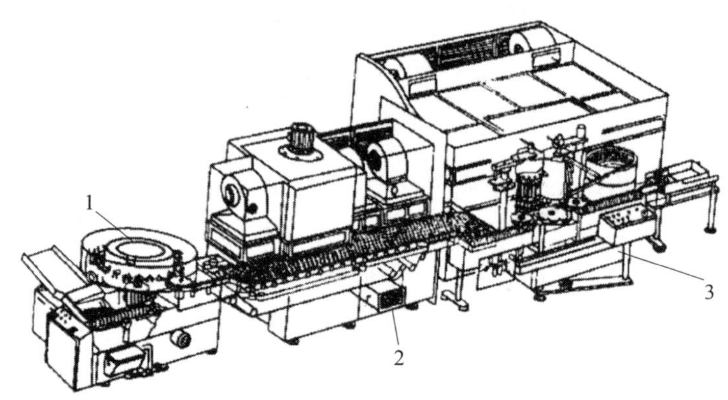

图 4－18　YLX 型口服液剂自动灌装联动线

1—回转式超声波洗瓶机　2—隧道式干燥灭菌机　3—口服液灌轧机

图 4－19　口服液剂灌装联动机组

瓶螺杆送到灌装药液转盘和轧盖转盘，完成灌装封口后再由输瓶螺杆送至出口处。

（3）设备操作

见实训项目六。

（4）维护保养

联动线动作复杂，功能完善，要确保其长期处于良好的运作状态，必须及时进行检查和调整，并定期维护保养。对于所有活动环节，应该定期加油润滑，及时更换易损件，确保各部件（尤其是关键部件）始终处于正常位置和状态。只有做好定期维护保养，才能保障联动线工作效率高、产品质量好，充分发挥联动线作用，保障联动线的寿命。

思考与练习

1. 口服液剂的生产工艺流程是什么？
2. 口服液剂的洗瓶设备有哪几种类型？
3. 直线式灌封机由哪几部分组成？
4. 口服液剂生产联动线有什么优势？最常用的是哪种类型？由哪些设备联动组成？

§4－2　糖浆剂生产设备

学习目标

1. 掌握糖浆剂常用设备的结构、原理、操作步骤。
2. 熟悉糖浆剂常用设备的维护保养。
3. 了解糖浆剂常用设备的故障及排除方法。

一、概述

1. 糖浆剂简介

糖浆剂是指含有药物、药材提取物或芳香物质的浓蔗糖水溶液，供口服使用。蔗糖和芳香剂能掩盖某些药物的苦味、咸味及其他不良气味，改善口味，尤其受儿童欢迎。糖浆剂中的含糖量应不低于0.45 g/mL。

根据所含组分和用途的不同，糖浆剂分为单糖浆、药用糖浆和芳香糖浆。单糖浆为蔗糖的近饱和水溶液，不含药物，除可作为制备药用糖浆的原料外，还可作为矫味剂和助悬剂。芳香糖浆为含芳香物质或果汁的浓蔗糖水溶液，主要用作液体药剂的矫味剂。

2. 糖浆剂的生产工艺流程

糖浆剂与口服液剂同属于液体制剂的范畴，二者的制备工艺相同。需要强调的是，糖浆剂在配制时需加入较大比例的蔗糖，所以生产过程也可以概括为溶糖过滤、配料、灌装、包装等工序。

蔗糖的加入方法一般包括热溶法、冷溶法和混合法。热溶法温度较高，不利于药物稳定。冷溶法蔗糖溶解速度慢，生产时间长，在生产过程中容易被微生物污染，适用范围小。常采用的混合法是将药物或药材提取物与单糖浆用适当的方法混合，较为灵活简便，可大量配制，也可小量配制。用混合法制备的含药糖浆含糖量较低，应注意防腐。

二、常用糖浆剂生产设备

1. 生产设备

糖浆剂生产设备是指将蔗糖溶解、煮沸灭菌、过滤和冷却成清糖浆的设备，主要包括化糖罐、糖浆专用过滤器和糖浆配制罐。

（1）化糖罐

化糖罐是将蔗糖加热化成糖液的设备。它是由不锈钢制成的夹层容器，带有蒸汽加热和搅拌装置，如图4－20所示。

图 4－20　化糖罐

（2）糖浆专用过滤器

糖浆专用过滤器是用于清除糖浆中的杂质并带有保温功能的过滤设备，材质是不锈钢。双联式糖浆过滤器由两台不锈钢袋式过滤器并联或串联组成，两台过滤器可交替使用，也可双机同时工作，如图 4－21 所示。

（3）糖浆配制罐

糖浆配制罐是将药液与清糖浆按比例配制成含药糖浆并进行储存的设备，材质为不锈钢。糖浆配制罐如图 4－22 所示。

图 4－21　双联式糖浆过滤器

图 4－22　糖浆配制罐

2. 灌装设备

常用的糖浆剂灌装设备是直线式灌装机，其主要结构和工作原理见本章第一节中“直线式灌封机”部分。

（1）设备使用与维护保养

1）开车前必须先用摇手柄转动机器，查看其转动是否正常，确认正常后再开车。

2）调整机器时，要使用适当的工具，严禁用过大的工具拆零件或用力过猛，避免损坏机件或影响机器性能。

3）调整机器后，一定要紧固松动的螺栓，用摇手柄转动机器，确认其动作符合要求后方能开车。

4）机器必须保持清洁，严禁机器上有油污、药液或玻璃碎屑，以免造成机器损坏。具体措施如下：

① 注意蜗轮减速器和动力箱的润滑情况，发现油量不足应及时添加。

② 交班前应将机器表面各部清洁 1 次，并在活动部位加上清洁的润滑油。

③ 每周应大擦洗 1 次，特别应将平常不容易清洁到的地方擦净或用压缩空气吹净。

④ 每月定期检查 1 次，检查各运转部件磨损情况，发现问题及时处理或更换。

（2）故障及处理方法

1）倒瓶：理瓶盘与瓶底摩擦太大，转速太快或容器重心不稳导致。应保持理瓶盘内干燥、无水渍，降低转速。

2）理瓶盘内瓶子堵塞：原因可能为拨瓶杆调得不合适，盘内瓶子过满。应减少盘内的瓶数，调整拨瓶杆角度或位置。

3）液体外溢：灌装速度太快，泡沫增加，冲击翻腾而溢出，或容器容量偏小等导致。排除方法为降低灌装速度，大容器可分两次灌装。

4）重灌：挡瓶器失灵或位置不对，操作不当，容器直径误差大，轨道过窄等原因导致。在开车时，应先开理瓶盘和输送带，待瓶布满输送带后再开灌装机，同时严禁从挡瓶器中间取放瓶子或将轨道上的瓶子回推。

5）误灌：原因可能为喷嘴与容器中心不对应或喷嘴间距小于容器间距；输送带过慢，供不应求；灌液动作过早或过晚；两个挡瓶器间距不当。应调整喷嘴间距，调整无瓶控制限位开关，调整输送带速度，调整挡瓶器间距。

6）滴漏：小容器低速灌装时，计量泵输出管路选择过粗；浓度高、黏性大的液体管内压力大，管子变形大，恢复慢；灌装头内传动链条松，曲柄有窜动现象，将喷嘴内的液体振落等均可造成滴漏。对应排除方法为选用细管或加快灌装速度，排出气泡；选择高压管以防变形；选用小喷嘴或更换单向阀；旋紧喷嘴导向套上的螺盖，使喷嘴露出导向套 2 ~4 mm。

3. 自动灌装生产线

糖浆剂自动灌装生产线如图 4 – 23 所示，主要由洗瓶机、直线式灌装机、单头旋盖（轧盖）机、转鼓贴签机组成，可以自动完成冲洗瓶、理瓶、输瓶、计量灌装、旋盖（或轧防盗盖）、贴标签和印字等工序。该生产线适用于各种材质的圆形和异形瓶，通用性强，结构合理，自动化程度高，运行稳定可靠。

图 4 – 23　糖浆剂自动灌装生产线

思考与练习

1. 简述糖浆剂的分类。
2. 糖浆剂生产设备与口服液剂生产设备有何不同?
3. 在糖浆剂制备过程中，蔗糖的加入方法有几种? 各有什么优缺点?

实训项目六　口服液剂生产联动线的使用与维护

一、实训目的

1. 能正确操作 YLX 型口服液剂自动灌装联动线。
2. 能对 YLX 型口服液剂自动灌装联动线进行日常维护。
3. 能判断并排除 YLX 型口服液剂自动灌装联动线的常见故障。
4. 通过课前查阅资料、课中小组学习、课后拓展练习，培养学生自主学习与小组协作的能力。

二、实训设备和场地

1. YLX 型口服液剂自动灌装联动线。
2. D 级洁净区或模拟车间。

三、实训内容与步骤

1. 开机前准备

（1）打开总电源开关，打开洗瓶机排风风机开关。洗瓶机水槽加水并加温。检查风压力表、水压力表、气压力表、温度表是否正常。将口服液瓶放在洗瓶机入口处。

（2）灌封机空车操作，先不通电，用手轮摇试，检查是否有异常现象。计量泵按编号依次装配，固定好顶端、底部螺栓，连接管路。将盖子放入振荡料斗。

2. 开机操作

（1）打开洗瓶机开关，开始洗瓶。洗瓶过程中抽取瓶子检查清洗质量。

（2）接通隧道式灭菌干燥机电源，按要求设定隧道工作温度，启动前、后层流风机和热风机的电源开关，待工作温度升至设定温度值并保持稳定。

（3）接通灌封机电源，指示灯亮。将各计量泵及管路里的空气排尽。将输送带上装满瓶子，按下输瓶按钮，再打开进液阀让储液槽装满药液。打开理盖开关，进行理盖调速，加大振荡，使盖子理好进入送瓶轨道。打开自动开关，将计数器清零。按下开机按钮，调整速度，使灌装速度、下盖速度和输瓶速度一致。

3. 关机操作

依次关闭洗瓶机、干燥灭菌机、灌封机各开关，最后关闭总电源。

4. 清场操作

按清洁操作规程清洗设备并消毒。按照“先上后下、先里后外、先整后零”原则对操作室进行清场。

5. 日常维护与保养

（1）检查电机是否正常运行，如有异常要及时检修。

（2）检查气动元件如气缸、电磁阀等，如有异常应及时检修。

（3）检查油孔内油量，适量添加润滑油，注意蜗轮蜗杆减速器和动力箱的润滑情况。

（4）检查易损件磨损情况，如有磨损应及时更换。

6. 常见故障与排除

LYX 型口服液剂自动灌装联动线常见故障与排除方法见表 4 –1。

表 4 –1　　LYX 型口服液剂自动灌装联动线常见故障与排除方法

常见故障	原因	排除方法
卡瓶、挤瓶	绞龙、拨轮松动引起错位	校对孔位将其紧固
	输送轨道过窄	调整轨道
计量不精确	管路连接处泄漏	排除泄漏问题
	计量泵阀密封性差	更换计量泵或阀
输盖不畅通	盖子呈椭圆形	筛选出不合格的盖子
盖子未盖上瓶口	瓶子高矮相差太大或瓶口大小不一	筛选出不合格的瓶子
瓶盖压不紧	压盖弹力不够	将调整螺母向下旋
	轧刀向心轧力不够	调整轧刀螺母，使之向心方向移动

四、实训测评

按表 4 –2 所列实训评分标准进行测评，并做好记录。

表 4 –2　　实训评分标准

序号	考核内容	考核标准	配分	得分
1	开机前准备	能正确完成开机前的检查准备工作	10	
2	开机操作	① 正确开机，设置参数 ② 正确投料及开展各项操作	30	
3	关机操作	按正确顺序关机	10	
4	清场操作	正确完成清场操作	10	
5	日常维护与保养	能正确维护与保养设备	10	
6	故障排除	能正确分析生产线故障原因，并采取正确措施排除故障	20	
7	其他	① 安全使用设备 ② 正确回答老师问题	10	
合计			100	

第五章

无菌制剂生产设备

常见的无菌和灭菌制剂包括小容量注射剂、大容量注射剂、粉针剂、滴眼剂、植入型制剂等。这些无菌和灭菌制剂对相应的生产设备、生产环境、人员都有相对较高的要求。本章主要介绍小容量注射剂生产设备、大容量注射剂生产设备以及粉针剂生产设备的相关知识。

§5－1　小容量注射剂生产设备

学习目标

1. 掌握小容量注射剂基本生产工艺流程。
2. 熟悉小容量注射剂生产设备的基本原理、结构以及设备的日常维护与保养。
3. 了解小容量注射剂生产过程的相关 SOP。

一、概述

1. 小容量注射剂简介

注射剂是指药物制成的供注入体内的灭菌溶液、乳状液、混悬液以及供临用前配成溶液或混悬液的无菌粉末。注射剂必须无菌并符合《中华人民共和国药典》关于无菌检查的要求。其中，水溶性注射剂是各类注射剂中应用最广泛的一类注射剂。

小容量注射剂使用的包装容器一般为玻璃安瓿，通常有 1、2、3、5、10、20、25、30 mL 8 种规格。安瓿在外观上分为两种，即色环易折安瓿和点刻痕易折安瓿。安瓿多为无色透明玻璃容器，琥珀色安瓿可以滤除紫外线，适用于对光敏感的药物。

2. 小容量注射剂生产工艺流程及环境要求

水溶性注射剂的生产工艺主要有安瓿洗涤、干燥灭菌、溶液配制、灌封等。可灭菌小容量注射剂生产工艺流程如图 5－1 所示。

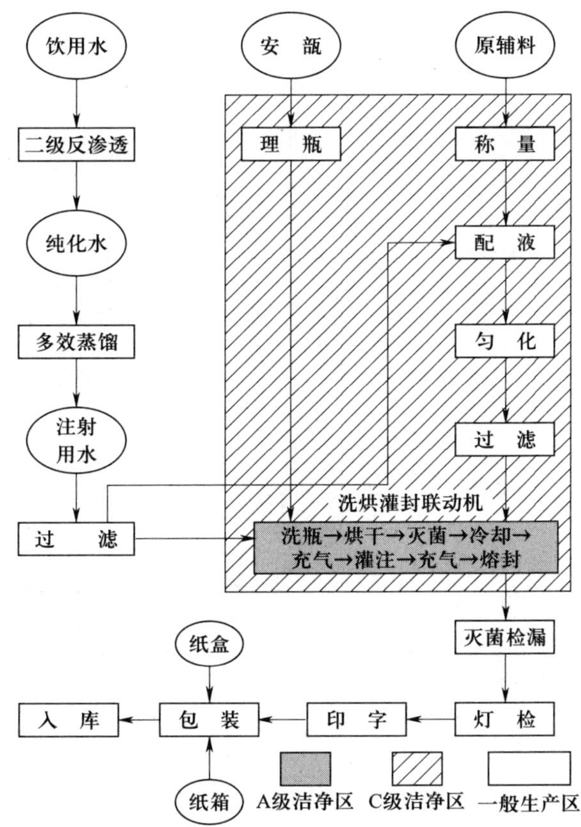

图 5－1　可灭菌小容量注射剂生产工艺流程

二、常用小容量注射剂生产设备

1. 洗瓶设备

（1）喷淋式安瓿洗瓶机组

喷淋式安瓿洗瓶机组由喷淋机、甩水机、蒸煮箱、水过滤器及水泵等组成，其结构如图 5－2 所示。这种生产设备的生产效率高，设备简单，曾被广泛使用，但是缺点为占用场地大，耗水量多且不能确保每支安瓿的喷淋效果，个别瓶子因受水量小而导致冲洗不充分。

工作原理：洗瓶时，将盛满安瓿的铝盘放置于输送带上，由输送带将铝盘送入箱体内，淋水板的多孔喷头自顶部喷淋出纯化水，使安瓿灌满水，随后送入蒸煮箱内加热蒸煮约 30 min，蒸煮后的安瓿趁热送入甩水机，将安瓿内的水甩干，安瓿甩水机的最佳转速应在 400 r/min 左右。如此反复洗涤 2～3 次，最后一次精洗用注射用水，即可达到清洗的要求。

（2）气水喷射式安瓿洗瓶机组

气水喷射式安瓿洗瓶机组主要由洗瓶机、供水系统、压缩空气及其过滤系统 3 部分组成，其结构如图 5－3 所示。气水喷射式安瓿洗瓶机组主要适用于大规格安瓿和曲颈安瓿的洗涤。

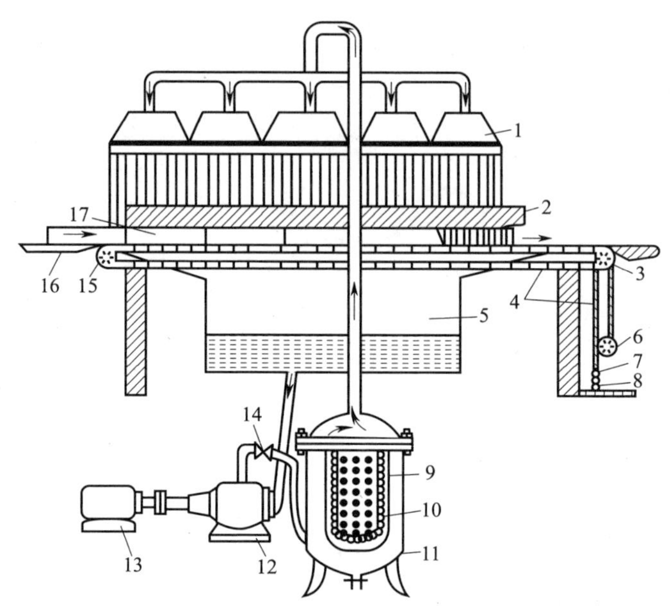

图 5－2　喷淋式安瓿洗瓶机组结构

1—多孔喷头　2—尼龙网　3—止逆链轮　4—链条　5—水箱　6—偏心凸轮　7—垂锤　8—弹簧　9—多孔不锈钢胆　10—涤纶滤袋　11—过滤器　12—离心泵　13—电动机　14—调节阀　15—链轮　16—轨道　17—盛安瓿的铝盘

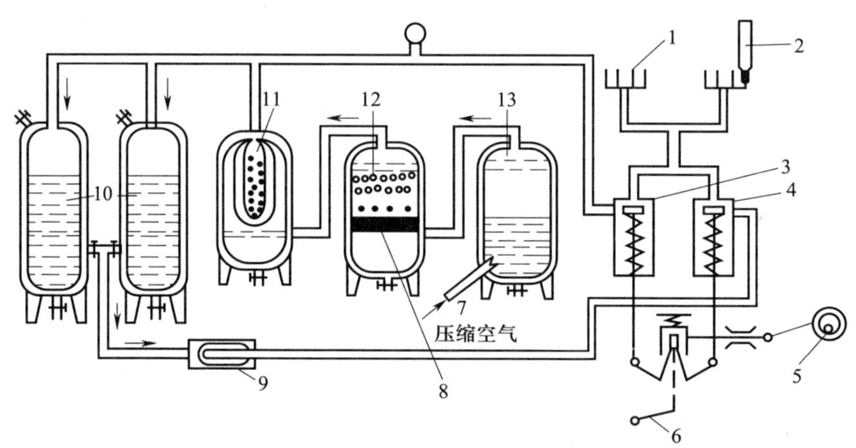

图 5－3　气水喷射式安瓿洗瓶机组结构

1—针头　2—安瓿　3—喷气阀　4—喷水阀　5—偏心轮　6—脚踏板　7—压缩空气进口　8—木炭层　9、11—双层涤纶袋滤器　10—水罐　12—瓷环层　13—洗气罐

工作原理：利用洁净的洗涤水以及过滤后的压缩空气，通过针头交替喷射安瓿的内壁进行洗涤，使安瓿达到清洗要求。操作流程如下：将安瓿置于洗瓶机进料斗，通过拨轮作用，使安瓿按顺序进入往复摆动的槽板中，然后进到移动齿板上，到达针头架位置并下移，针头插入安瓿内，同时气水开关打开水与气的通路，对安瓿进行二水二气冲洗吹净。

（3）超声波安瓿洗瓶机组

超声波安瓿洗瓶机组是制药行业最常用的安瓿洗瓶设备，它由清洗部分、供水系统及压缩空气系统、动力装置组成。

空化是在超声波作用下，液体中产生微小气泡并随超声波振动而逐渐增大，当小气泡尺寸适当时产生共振而闭合。在小气泡淹没时，自中心向外产生微驻波，随之产生高压、高温。小气泡胀大时摩擦生电，淹没时又中和，伴随有放电和发光现象，气泡附近的微冲流增强了流体搅拌和冲刷作用。在超声波发生器的作用下，浸没在清洗液中的安瓿与液体接触的界面处于剧烈的超声波振动状态，从而产生空化作用。在超声波清洗槽中，不仅能保证安瓿的外壁洁净，也能保证其内部无尘无菌。

18 工位连续回转超声波安瓿洗瓶机工作原理如图 5－4 所示。将安瓿放在倾斜的安瓿斗中，安瓿斗下口与清洗机的 1 工位平行。利用通道口的机械控制，每次放行 18 支安瓿到输送带的 V 形槽上。18 支安瓿被推瓶器依次推入转盘的 1 工位，转到 2 工位时，注入循环水。从 2～7 工位，安瓿进入水箱，共停留 25 s 左右进行超声波清洗，这一阶段为粗洗。安瓿转到 8、9 工位时，将洗涤水倒出；转到 10、11、12 工位时，安瓿倒置，针头对安瓿冲循环水进行洗涤；13 工位喷压缩空气将安瓿内污水吹净；14 工位接受新鲜注射用水的最后冲洗；15、16 工位吹压缩空气。至此安瓿洗涤干净，称为精洗。最后安瓿转到 18 工位时，针管再一次对安瓿送气并利用气压将安瓿从针管架上推离出来，再由出瓶器送入输送带，推出清洗机。

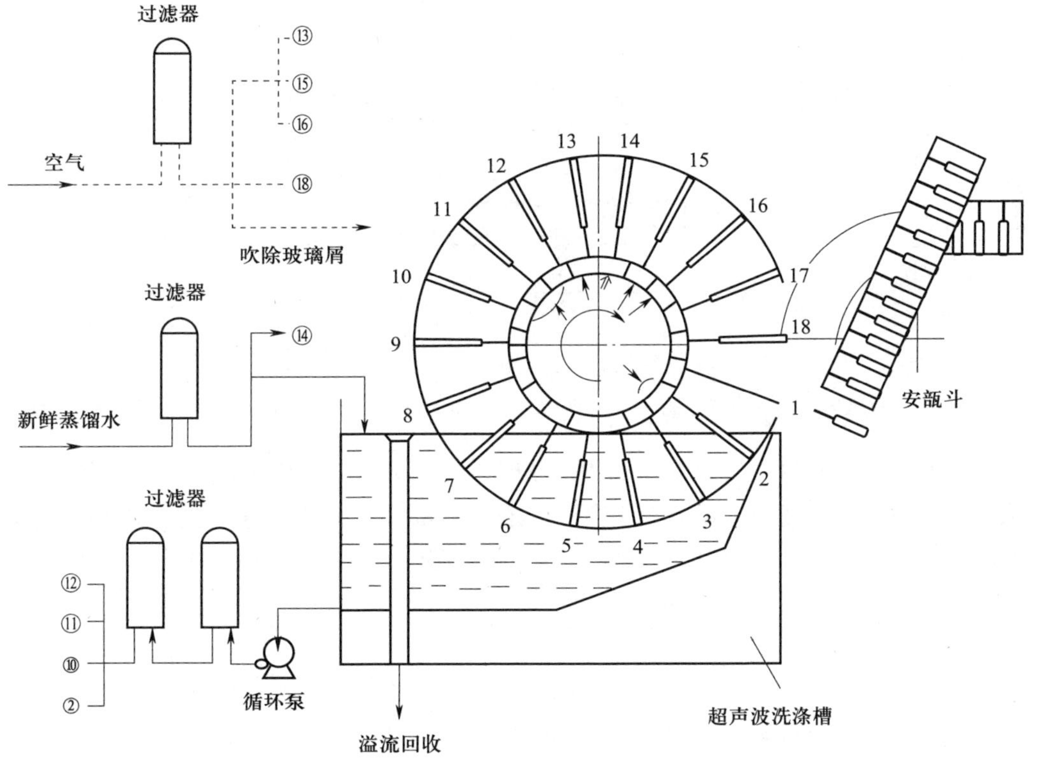

图 5－4　18 工位连续回转超声波安瓿洗瓶机工作原理

1—引瓶　2—注循环水　3～7—超声波空化清洗　8、9—空位　10～12—循环水清洗　13—吹气排水　14—注新蒸馏水　15、16—吹净化气　17—空位　18—吹气送瓶

2. 干燥灭菌设备

安瓿经淋洗只能去除稍大的菌体、尘埃及杂质粒子，还需要通过干燥灭菌去除生物粒子的活性，达到灭菌和去除热原的目的，同时也可对安瓿进行干燥。国内大多使用隧道式灭菌烘箱，常见的有远红外隧道式灭菌烘箱。

远红外隧道式灭菌烘箱自动化程度高，符合 GMP 生产要求，能有效控制产品质量和改善生产环境，是国内使用较多的安瓿烘干设备。

远红外隧道式灭菌烘箱由远红外发生器、输送带和保温排气罩组成，其结构如图 5－5 所示。

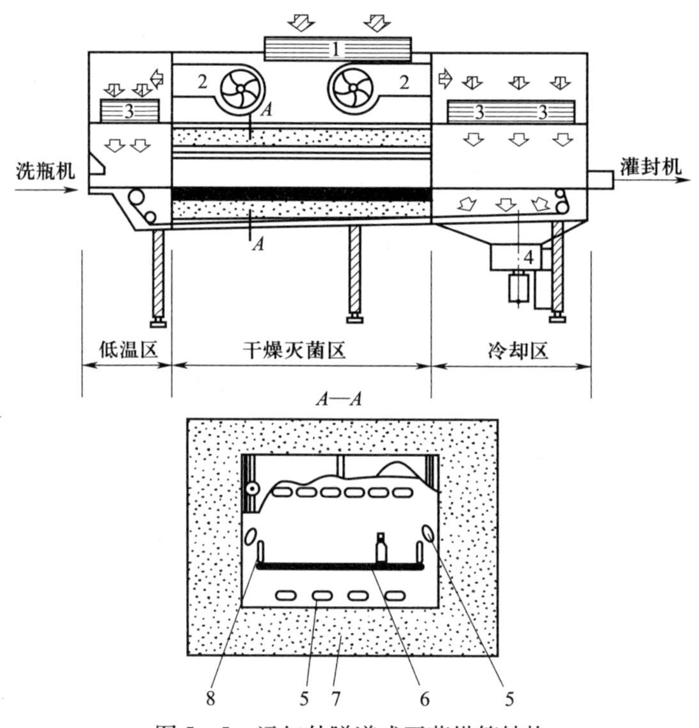

图 5－5　远红外隧道式灭菌烘箱结构

1—中效过滤器　2—送风机　3—高效过滤器　4—排风机　5—电热管　6—水平网带　7—隔热材料　8—竖直网带

瓶口朝上的盘装安瓿由隧道的一端用链条输送带送进烘箱。隧道加热分预热段、中间段及降温段，预热段内安瓿由室温升至 100 ℃左右，大部分水分在这里蒸发；中间段为高温干燥灭菌区，温度达到 300～450 ℃，残余水分进一步蒸干，细菌及热原被杀灭；降温段由高温降至 100 ℃左右，而后安瓿离开隧道。

3. 配液设备

配液罐是注射剂生产中配制药物溶液的容器，分为浓配罐和稀配罐。配液罐应采用化学性质稳定、耐腐蚀的材料制成，避免污染药液。罐体内壁应光滑，易于清洗。

药品生产企业多采用不锈钢配液罐。如图 5－6 所示，配液罐罐体上带有夹层，罐盖上装有搅拌器。夹层既可通入蒸汽进行加热，以加速原辅料的溶解；又可通入冷水，以吸收药物的溶解热。搅拌器由电机经减速器带动，可加速原辅料的扩散溶解，并促进传热，防止局部过热。

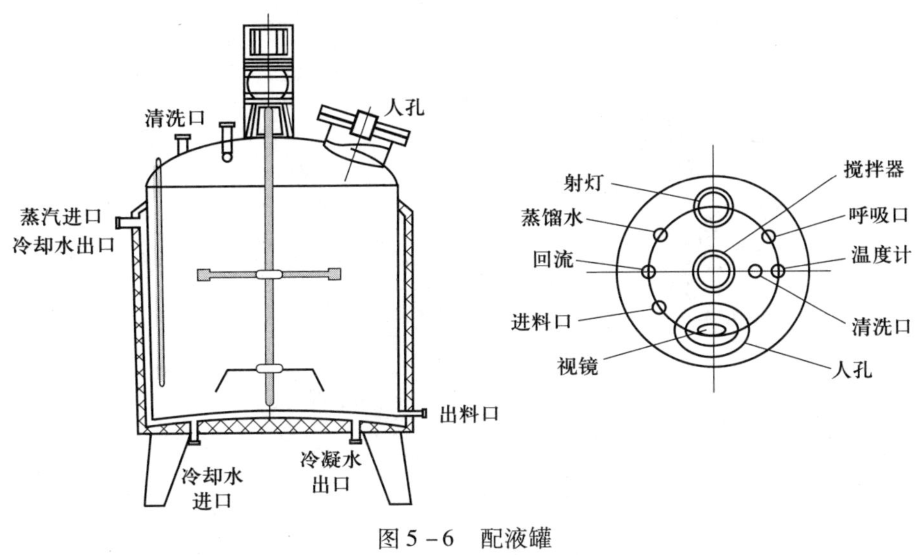

图 5－6　配液罐

【知识链接】

配液工艺简介

配液是指将原料、溶剂、附加剂等按操作规程制成体积、浓度等符合质量标准要求的药液的操作过程。配液是注射剂生产的重要工序，是保障药液质量、pH 及澄明度等符合要求的关键工序。供注射用的原辅料应符合“注射用”规格，并检验合格后方能投料。配制前应按处方规定和原辅料检验测定的含量准确计算出每种原辅料量，并在称量时严格执行双人核对制度。注射剂的配液方法有浓配法和稀配法。

4. 灌封设备

注射剂灌封是注射剂装入容器的最后一道工序，也是注射剂生产过程中最重要的工序。注射剂质量由灌封区域环境和灌封设备决定。

安瓿灌封设备主要是拉丝灌封机，主要结构按其功能分为送瓶机构、灌封机构和拉丝封口机构，如图 5－7 所示。

（1）送瓶机构

送瓶机构主要部件是固定齿板与移瓶齿板，各有两条且平行安装：两条固定齿板分别在最上和最下，两条移瓶齿板等距离地安装在中间。送瓶机构结构如图 5－8 所示。将洗净灭菌后的安瓿放置在与水平成 45°倾角的进瓶斗内，由链轮带动的梅花盘每转 1/3 周，将 2 支安瓿拨入固定齿板的齿槽中。安瓿与水平保持 45°倾角，口朝上，便于灌注药液。如此反复动作，完成送瓶的动作。偏心轴每转 1 周，安瓿右移 2 个齿距，依次经过灌药和封口两个工位，最后将安瓿送到出瓶斗。

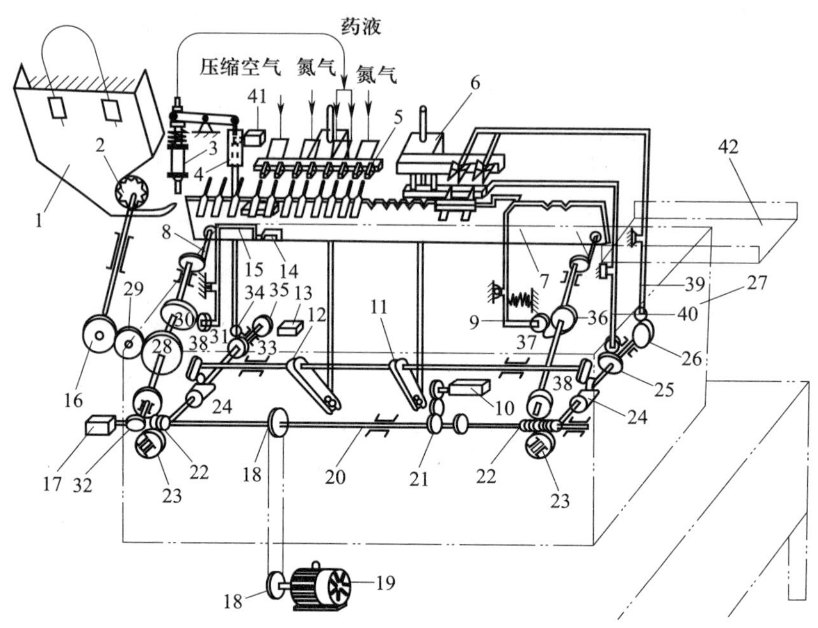

图 5 - 7 安瓿拉丝灌封机结构

1—进瓶斗 2—拨瓶盘 3—针筒 4—顶杆套筒 5—针头架 6—拉丝钳架 7—移瓶齿板 8—移瓶曲轴 9—封口压瓶杠杆及压瓶轮 10—转瓶盘齿轮箱 11—拉丝钳驱动拨叉 12—针头架驱动拨叉 13—氮气阀 14—止灌行程开关 15—灌装压瓶板 16、21、28、29—圆柱齿轮 17—压缩气阀 18—主、从动轴带轮 19—电动机 20—主轴 22—蜗杆 23—蜗轮 24—圆柱凸轮 25—火头架凸轮 26—拉丝钳开合凸轮 27—机架 30—压瓶板凸轮 31、34、37、39—滚子从动件 32—压缩气阀凸轮 33—针筒泵顶杆凸轮 35—氮气阀凸轮 36—压瓶轮升降凸轮 38—拨叉轴压轮 40—火头摆动压轮 41—止灌电磁阀 42—出瓶口

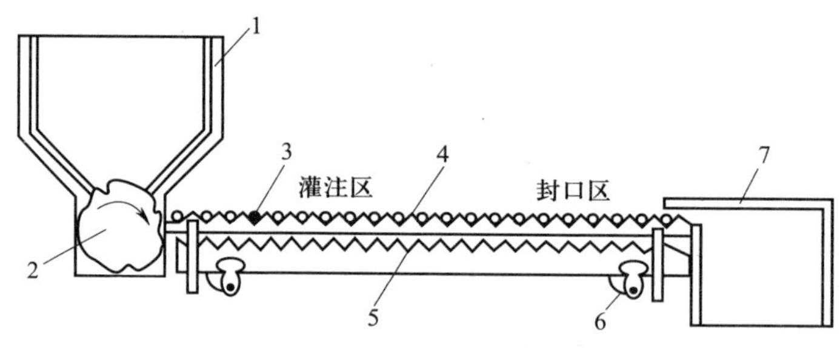

图 5 - 8 送瓶机构结构

1—进瓶斗 2—梅花盘 3—安瓿 4—固定齿板 5—移动齿板 6—偏心轴 7—出瓶斗

（2）灌封机构

灌封机构由 3 部分构成，结构如图 5 - 9 所示。

1）灌液机构：主要包括罐针、灌注针筒、单向阀等，功能是使针头进出安瓿，注入药液，完成灌装。

2）凸轮-压杆机构：包括凸轮、扇形板、顶杆座、顶杆、压杆等，作用是将药液从储液罐中吸入针筒内，并定量输向针头。

3）缺瓶止灌机构：当灌装工位因故障缺瓶时，能自动停止灌注药液，防止药液浪费和

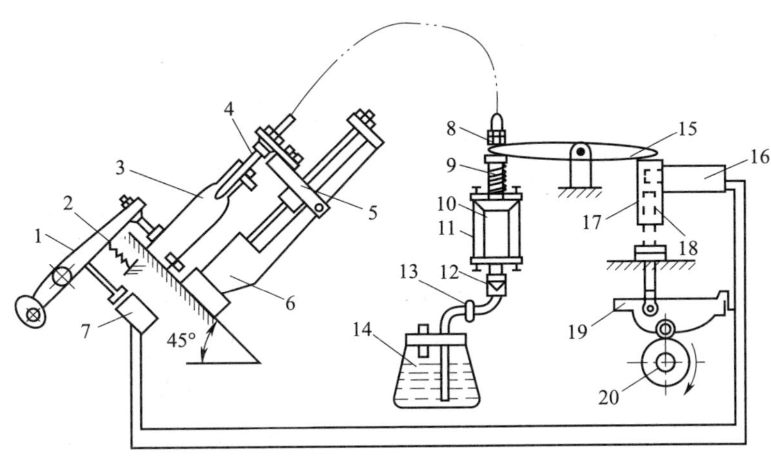

图 5-9　灌封机构结构

1—摆杆　2—拉簧　3—安瓿　4—针头　5—针头托架　6—针头托架座　7—行程开关　8、12—单向玻璃阀　9—压簧　10—针筒芯　11—针筒　13—螺丝夹　14—储液罐　15—压杆　16—电磁阀　17—顶杆座　18—顶杆　19—扇形板　20—凸轮

污染设备。

（3）拉丝封口机构

拉丝封口机构结构如图 5-10 所示，主要由拉丝、加热、压瓶 3 部分组成。拉丝部分按其传动方式分为气动拉丝和机械拉丝。加热部分主要由燃气喷嘴和气源组成。气源有煤气、氧气及压缩空气，燃烧时火焰温度可达到 1 400 ℃左右。压瓶部分主要使安瓿在压瓶凸轮及摆杆作用下被压瓶滚轮压住不能移动，防止拉丝熔封时安瓿随拉丝钳移动，导致封口不符合要求。

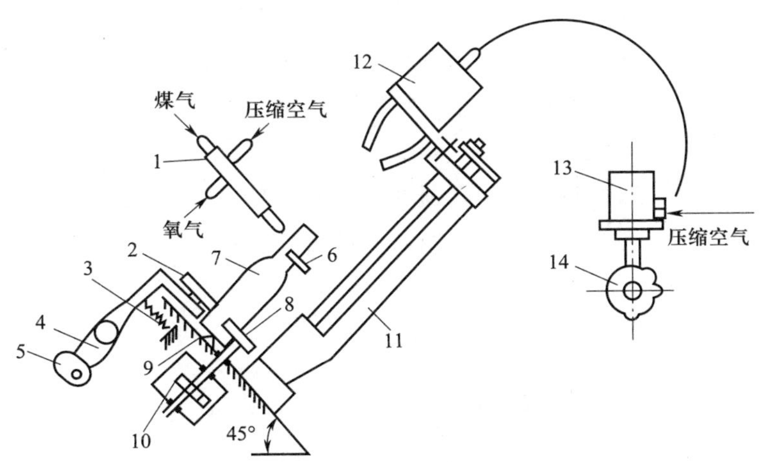

图 5-10　拉丝封口机构结构

1—燃气喷嘴　2—压瓶滚轮　3—拉簧　4—摆杆　5—压瓶凸轮　6—固定齿板　7—安瓿　8—滚轮　9—半球形支头　10—蜗轮蜗杆箱　11—钳座　12—拉丝钳　13—气阀　14—凸轮

工作原理：当灌注了药液的安瓿被移至封口工位时，压瓶凸轮及摆杆连动压瓶滚轮将安瓿压住，由于蜗轮蜗杆箱的转动带动滚轮旋转，使安瓿在固定位置自转。喷嘴喷出的高温火

焰对其瓶颈均匀加热直至熔融，此时，拉丝钳沿导轨下移，钳住安瓿头部并上移，把熔融的瓶口玻璃拉成丝头，使安瓿封口。当拉丝钳上移到一定位置时，钳口再次启闭两次，拉断并甩掉玻璃丝头，完成封口操作。

【知识链接】

安瓿灌封常常会出现冲液、束液、泡头、瘪头、尖头、焦头等质量问题，严重影响产品质量，甚至损坏生产设备。

① 冲液。冲液是指在灌注药液的过程中，药液从安瓿瓶内冲起溅在瓶颈上方或冲出瓶外，造成容量不准、药液浪费、封口焦头和封口不严等问题。

② 束液。束液是指注液结束时，针头上不得有液滴挂在针尖上。束液不好易引起瓶颈沾液，既影响注射剂质量，又会出现焦头或封口时瓶颈破裂问题。

③ 泡头。因火力太旺等导致药液挥发膨胀，使已封闭的安瓿鼓泡而形成泡头。

④ 瘪头。安瓿瓶口有水渍或药渍，拉丝后因瓶口液体挥发，压力减小，瓶口倒吸形成瘪头。

⑤ 尖头。预热火焰、加热火焰过大，使安瓿拉丝时丝头过长而形成尖头。

⑥ 焦头。安瓿颈部沾有药液，封口时炭化易形成焦头。

5. 灭菌检漏设备

除采用无菌操作生产的注射剂外，一般注射液灌封后应尽快进行灭菌，从配液到灭菌一般在 12 h 内完成，以保障产品的无菌。灭菌检漏工序是小容量注射剂最终灭菌的关键工序之一。为达到灭菌要求，应选择适宜的灭菌方法。耐热产品一般采用热压灭菌，对热不稳定及在避菌条件较好的情况下生产的注射剂可采用流通蒸汽灭菌。一般采用灭菌和检漏两用的灭菌设备将灭菌和检漏结合进行。灭菌后待温度降低，抽气至真空度为 85. 3 ~ 90. 6 kPa，将安瓿放入有色溶液，即可观察出密封状态，封口不严的安瓿内药液染色，从而与合格的安瓿区别开来。

安瓿灭菌检漏器是较先进的消毒和灭菌设备，采用饱和蒸汽灭菌、色水检漏、喷淋清洗和真空风干等技术，具有灭菌可靠、时间短、节省能源、控制程序先进等优点。安瓿灭菌检漏器结构如图 5 – 11 所示。

基本操作方法如下：

1）放入物品。将灭菌物品放入灭菌柜内，关闭灭菌柜门。

2）夹套加热。打开进气阀，使蒸汽进入外层夹套加热柜室四壁。

3）灭菌。当夹套压力表指示所需压力时，将蒸汽控制阀移至灭菌位置，此时热蒸汽进入灭菌柜内，将柜内空气排出；待压力和温度达到灭菌要求时，旋动压力调节阀，保持至规定的灭菌时间。

4）排气。灭菌结束后，将蒸汽阀移至排气位置，排出柜内蒸汽。

6. 印字设备

安瓿印字机是在安瓿外壁上印字及将印好字的安瓿摆放于纸盒内的主要设备。主要结构

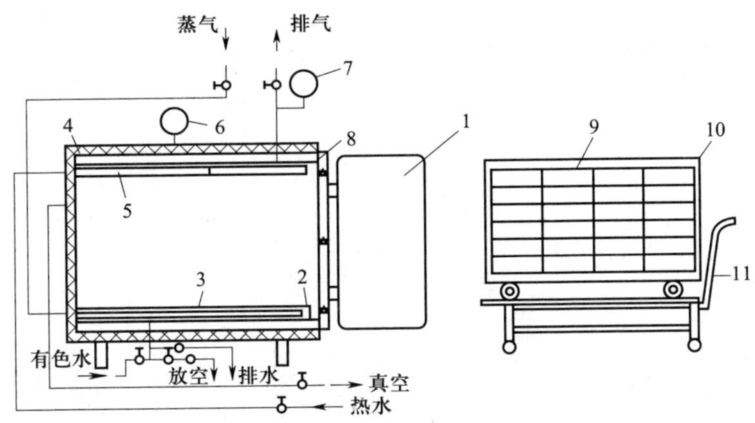

图 5 – 11　安瓿灭菌检漏器结构

1—柜门　2—消毒柜轨道　3—蒸汽管　4—保温层　5—淋水管　6—安全阀
7—压力表　8—高温密封圈　9—安瓿盘　10—格车　11—推车

有输送带、压瓶轮机构、热风烘干循环装置、平上料输送机构、印字执行机构总成、控制机构总成和人机界面，如图 5 – 12 所示。

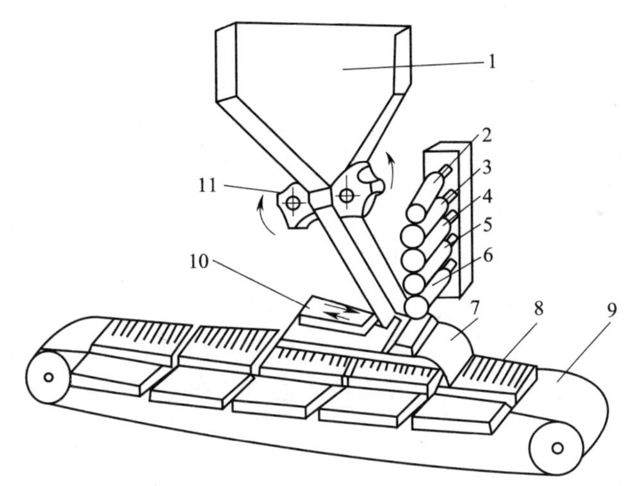

图 5 – 12　安瓿印字机主要结构

1—安瓿盘　2—匀墨轮　3—钢质轮　4—上墨轮　5—字轮　6—橡皮印字轮
7—托瓶板　8—纸盒　9—纸盒输送带　10—推瓶板　11—送瓶轮

工作原理：安瓿在两个反向转动的送瓶轮转动下，沿着瓶轨道下滑，逐支滚落到推瓶板前方。推瓶板由曲柄连杆机构带动做往复运动。推瓶板向前运动将安瓿同步送至印字轮下的海绵垫上，转动着的印字轮在压住安瓿的同时也拖着安瓿反向滚动，使油墨字迹印到安瓿上，印好字的安瓿落入已开盖的纸盒槽内。

7. 小容量注射剂联动生产设备

小容量注射剂联动生产设备主要指安瓿洗烘灌封联动机组，它是较先进的注射剂生产设备，是将洗涤、烘干灭菌以及药液灌封 3 个步骤联合起来的生产线，可减少半成品的中间周转，将药物受污染的可能降到最低限度。小容量注射剂联动生产设备由安瓿超声波清洗机、安瓿隧道式灭菌机和安瓿多针拉丝灌封机 3 部分组成，结构如图 5－13 所示。

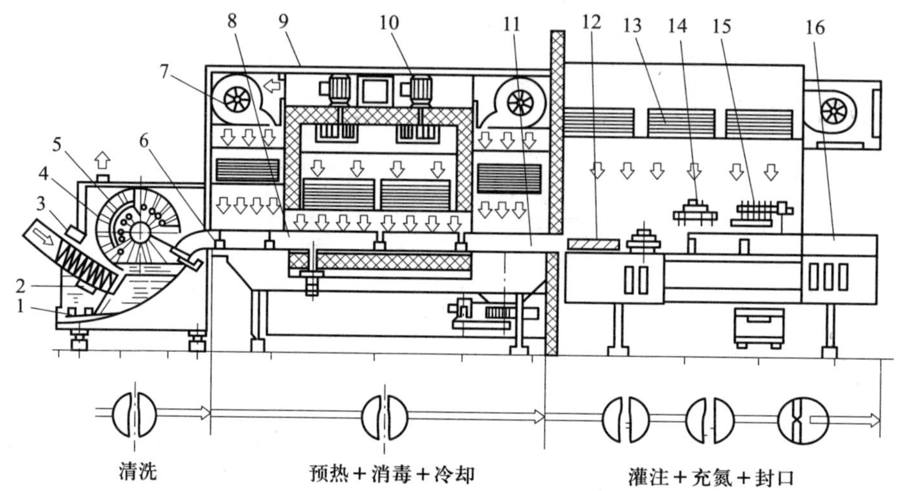

图 5－13　小容量注射剂联动生产设备结构

1—水加热器　2—超声波换能器　3—喷淋水　4—冲水、汽喷嘴　5—转鼓　6—预热器　7、10—风机　8—高温灭菌区　9—高效过滤器　11—冷却区　12—不等距螺杆分离装置　13—洁净层流罩　14—充气灌药工位　15—拉丝封口工位　16—成品出口

【知识链接】

新型安瓿洗烘灌封联动机组

现开发的新型安瓿洗烘灌封联动机组主要由立式安瓿清洗机、热风循环烘干灭菌机、安瓿灌封机组成。其六针机的产量可达到 18 000 瓶/小时，八针机的产量可达到 24 000 瓶/小时，产量比相应的老式联动机组增长近 10%。机型组成由立式安瓿清洗机取代转鼓式超声波安瓿清洗机，由带整体小拨轮的安瓿灌封机取代带扇形块的安瓿灌封机，热风循环烘干灭菌机的改动不大，主要在进风和排风管路及检测显示原件上有变动。其改进型还可适应西林瓶的灌装加塞。

思考与练习

1. 简述小容量注射剂的生产工艺及环境要求。

2. 查阅相关资料，简述除了真空色水检漏法以外，还有哪些方法可用于检漏，比较其优缺点。

3. 某注射剂车间灭菌岗位操作工为了不影响下班，缩短灭菌时间，其操作是否有问题？为什么？

4. 简述超声波洗涤法中的空化原理。

§5－2　大容量注射剂生产设备

学习目标

1. 掌握大容量注射剂基本生产工艺流程。
2. 熟悉大容量注射剂生产设备的基本原理、结构以及设备的日常维护与保养。
3. 了解大容量注射剂生产过程的相关 SOP。

一、概述

1. 大容量注射剂简介

大容量注射剂简称为大输液或输液，其装量常见的有 100 mL、250 mL、500 mL 和 1 000 mL 4 种规格。大容量注射剂的包装容器有玻璃瓶、塑料瓶、输液袋 3 种主要类型。塑料瓶又分为聚丙烯（PP）塑料瓶和聚乙烯（PE）塑料瓶。欧美发达国家 95% 以上临床使用的形式为输液袋，输液袋根据材料的不同又分为聚氯乙烯（PVC）塑料袋和非 PVC 塑料袋。非 PVC 塑料袋是最先进且完全符合环保要求的输液袋。

国内外普遍采用的非 PVC 共挤膜软袋主要由 3 层构成：内层为完全无毒的惰性聚合物，化学性质稳定，不脱落或降解出异物，通常采用聚丙烯（PP）、聚乙烯（PE）；中层为致密材料，具有优良的水气阻隔性能，如聚丙烯（PP）；外层主要用于提高软袋的机械强度，通常为聚丙烯（PP）、聚酰胺（PA）等。

【知识链接】

塑料袋的常用材料

PVC 是聚氯乙烯材料的简称，以聚氯乙烯树脂为主要原料，加入适量的抗老化剂、改性剂等，经混炼、压延、真空吸塑等制成。PVC 材料具有轻质、隔热、防潮、阻燃等特点。

PP 是聚丙烯塑料，无毒、无味，可在 100 ℃的沸水中浸泡不变形、不损伤，常见的酸、碱有机溶剂对它几乎不起作用，多用于食品用具。

PE 是聚乙烯塑料，化学性能稳定，通常制作食品袋及各种容器，耐酸、碱及盐类水溶液的侵蚀，但不宜用强碱性洗涤剂擦拭或浸泡。

2. 大容量注射剂生产工艺流程及环境要求

大容量注射剂的生产分为塑料袋、塑料瓶、玻璃瓶 3 种工艺流程，其生产工艺流程及环境要求分别如图 5－14、图 5－15 和图 5－16 所示。

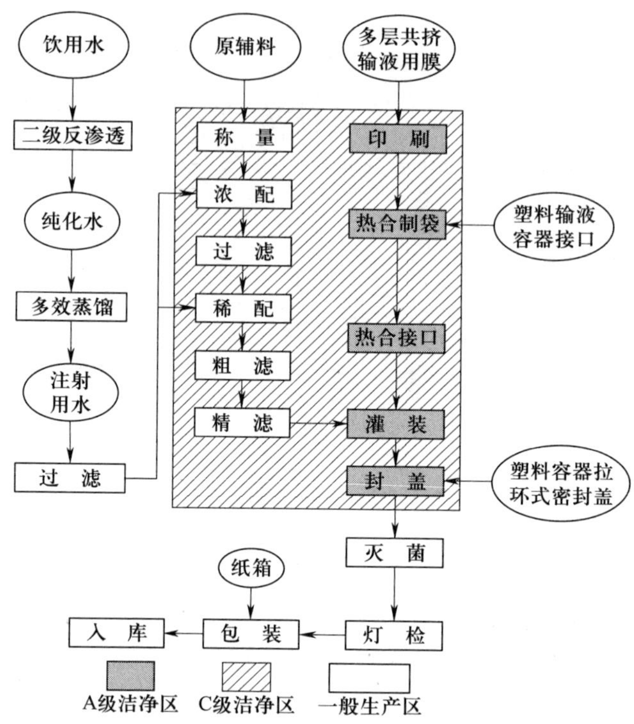

图5－14 大容量注射剂（塑料袋）生产工艺流程及环境要求

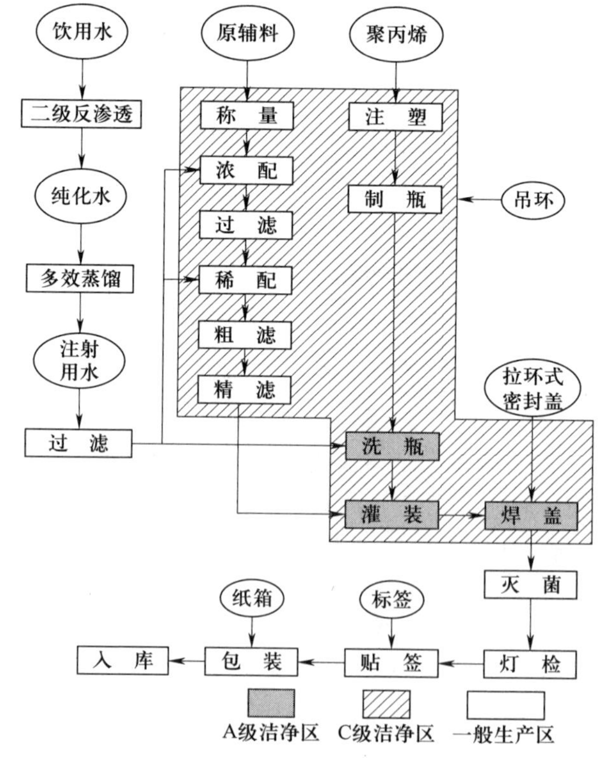

图5－15 大容量注射剂（塑料瓶）生产工艺流程及环境要求

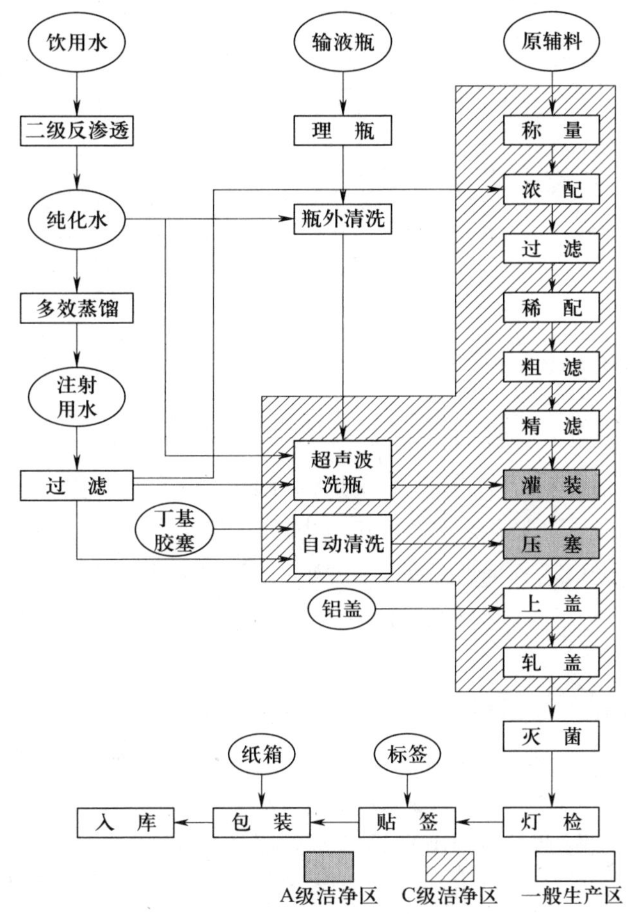

图 5-16　大容量注射剂（玻璃瓶）生产工艺流程及环境要求

二、大容量注射剂生产设备

1. 非 PVC 软袋大容量注射剂生产联动机组

非 PVC 软袋大容量注射剂生产联动机组主要包括控制系统、主传动及定位夹、印字工位、预热工位、袋身袋口焊接和周边切割工位、接口焊接工位、袋传送工位、灌装工位、封口工位等，如图 5-17 所示。

图 5-17　非 PVC 软袋大容量注射剂生产联动机组

非 PVC 软袋大容量注射剂生产联动机组能自动完成开膜、印字、打印批号、制袋、灌装、自动上盖、焊接封口、排列出袋等工序，再配上输液袋传送、灭菌、检漏、灯检等辅助设备，可完成大容量注射剂的生产。非 PVC 软袋大容量注射剂生产工艺流程如图 5－18 所示。

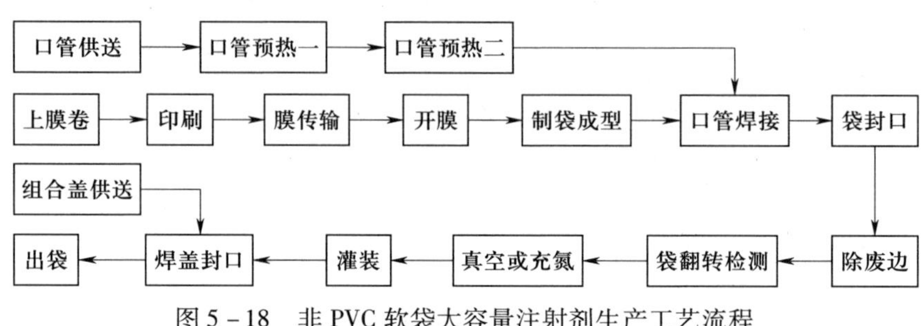

图 5－18　非 PVC 软袋大容量注射剂生产工艺流程

1）印字工位。热箔印刷装置用于完成整面印刷，可变更生产数据（如批号和有效日期、生产日期）并打印。印刷温度、时间和压力可以调节。

2）预热工位。把袋口插入薄膜之前，在热合区域进行袋口外缘的预热，减少以后的热合时间。热合时间、压力、温度可调。此工位装有最小、最大热合温度控制装置，如果超出允许范围则停机。

3）袋身袋口焊接和周边切割工位。此工位将袋周边热合，将袋口焊接并进行周边切割。热合时，由可移动的热合模利用热合装置完成热合操作，热合时间、压力、温度可调。

4）接口焊接工位。通过焊接装置热合袋口。

5）袋传送工位。已制成的空袋由夹具送入机器灌封组的袋夹具中。

6）灌装工位。灌装工位由一组并列的灌装系统完成，每个系统包括一个灌装阀和带有微处理器的流量控制器，微处理器位于主控制柜中。此工位可以实现无袋不灌装及在线清洗和在线消毒。

7）封口工位。此工位包括自动上盖传送系统、袋口和盖加热装置及袋内残余空气排出系统。此工位可实现无袋不取盖，袋内的残余空气可以排出。

2. 塑料瓶大容量注射剂生产联动线

塑料瓶大容量注射剂生产联动线如图 5－19 所示，由离子气清洗、恒压灌装与热熔封口 3 部分组成，可自动完成上瓶、消除瓶外静电、进瓶、机械手翻转瓶、离子气清洗、输瓶、定量式灌装与冲氮、理盖、上盖、瓶盖与瓶口加热、热熔封口、排气、出瓶等工序。

整条联动线为洗、灌、封三位一体联动机，各工位简介如下：

1）自动上瓶工位。采用离子气自动上瓶技术，吹瓶机吹制成型的瓶子经气送轨道输瓶。

2）消除瓶外静电工位。在上瓶轨道部位装有两个离子风扇，离子风对准瓶身，中和瓶身所附带的静电。

3）离子气清洗工位。采用离子气对瓶内进行冲洗，并将瓶内的异物和清洗气体彻底清洗排出。清洗完的瓶子在机械手的作用下，重新正立，然后经过拨轮夹具接到下一操作工位。

图 5－19　塑料瓶大容量注射剂生产联动线

4）定量式灌装工位。灌装部分包括机械手工位和一套灌装系统。洗完的塑料瓶经中间拨轮机械手交接后进入灌装机的机械手，灌装头插入瓶内，同步跟踪灌装。灌装过程采用液位控制器控制液位实现恒压自流灌装，灌装完的塑料瓶经转接拨瓶机械手交接后进入上盖封口工位。

5）上盖封口工位。封口部件包括封口机械手部件、加热部件、排气部件、理盖上盖部件。瓶盖经理盖斗整理，依靠离子风气吹轨道，向托盖盘输送瓶盖。采用连续加热、快速压合的封口方式，封口质量好，封口平滑。

6）出瓶工位。瓶盖焊封完毕，经冷却工位后取压盖头升起，瓶子进入出瓶拨轮，出瓶拨轮将瓶子送到输瓶轨道上，机械手张开，输瓶轨道将瓶子带走。

3. 玻璃瓶大容量注射剂生产联动机组

玻璃瓶大容量注射剂生产联动机组由理瓶机、外洗瓶机、滚筒式洗瓶机、灌装设备、封口设备组成，如图 5－20 所示。

图 5－20　玻璃瓶大容量注射剂生产联动机组

（1）理瓶机

理瓶机的作用是将拆包取出的瓶子按顺序排列起来，并逐个送至洗瓶机。常见的理瓶机为圆盘式理瓶机及等差式理瓶机。

圆盘式理瓶机如图 5－21 所示。当低速旋转的圆盘上放置待洗的玻璃瓶时，圆盘中的固定拨杆将运动着的瓶子拨向转盘周边，使瓶子沿圆盘壁进入输送带至洗瓶机上，即靠离心力进行理瓶送瓶。

等差式理瓶机由等速和差速进瓶机组成，如图 5－22 所示。其原理为等速进瓶机 7 条平行等速传送同一动力的链轮带动输送带，将瓶子送至相垂直的差速进瓶机输送带上。差速进瓶机的 5 条输送带利用不同齿轮的链轮变速达到不同的速度要求。第 1 条、第 2 条以较低等速进行；第 3 条速度较慢且方向相反，其目的是将卡在出瓶口的瓶子迅速带走。差速是为了瓶子输送时不形成堆积而保持逐个输送。

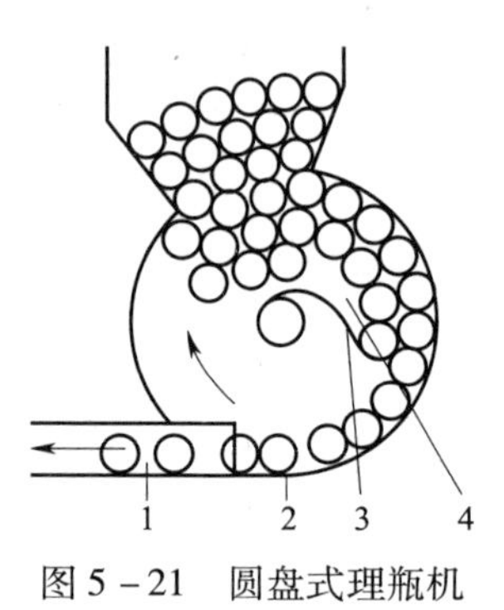

图 5－21 圆盘式理瓶机

1—输送带 2—围沿 3—拨杆 4—转盘

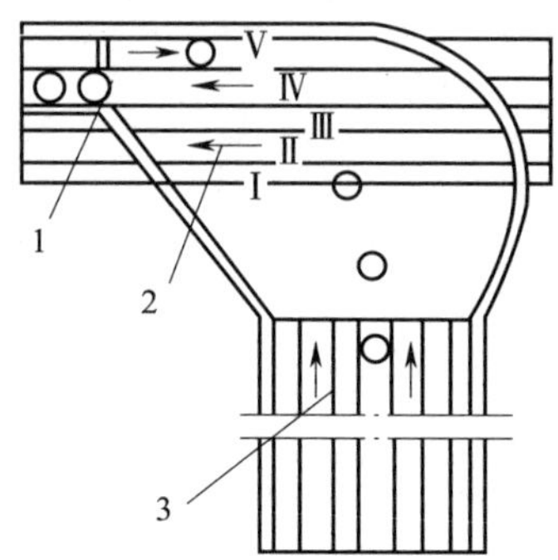

图 5－22 等差式理瓶机

1—玻璃瓶出口 2—差速进瓶机 3—等速进瓶机

（2）外洗瓶机

外洗瓶机是清洗玻璃瓶外表面的设备，如图 5－23 所示。清洗方法为毛刷固定两边，瓶子在输送带的带动下从毛刷中间通过，达到清洗的目的。也有毛刷旋转运动，当瓶子通过时产生相对运动，洗净瓶子表面。毛刷上部安装有喷淋水管，可及时冲走刷洗的污物。

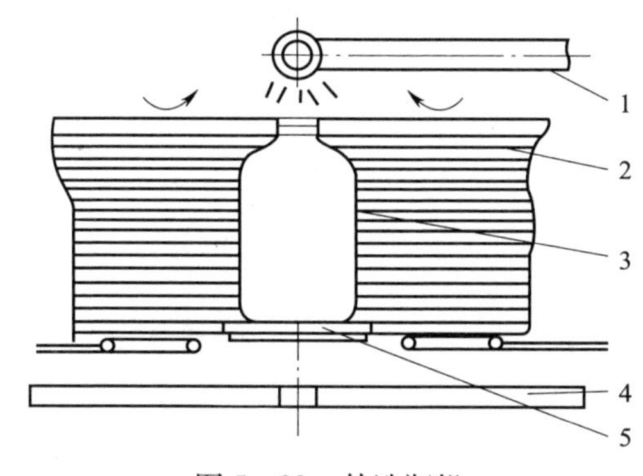

图 5－23 外洗瓶机

1—淋水管 2—毛刷 3—瓶子 4—传动装置 5—输送带

（3）滚筒式洗瓶机

滚筒式洗瓶机工位如图 5－24 所示。当设置在滚筒前端的拨瓶轮使玻璃瓶进入粗洗滚筒中的前滚筒，并转动到设定的工位 1 时，碱液注入瓶中。带有碱液的玻璃瓶转到水平位置时，毛刷进入瓶内，待毛刷洗涤瓶内壁之后，毛刷退出。玻璃瓶继续转到下两个工位，逐一由喷射管对刷洗后的玻璃瓶内腔冲去碱液。当滚筒载着玻璃瓶处于进瓶通道停歇位置时，拨瓶轮送入的空瓶将冲洗后的玻璃瓶推入后滚筒，加热后的饮用水继续对玻璃瓶进行外淋、内刷、冲洗。粗洗后的玻璃瓶由输送带送入精洗滚筒。精洗滚筒取消了毛刷，在滚筒下部设置了注射用水喷嘴和回收注射用水装置。前滚筒利用回收的注射用水进行外淋、内冲，后滚筒利用新鲜注射用水进行内冲并沥水，从而保障了洗瓶质量。精洗滚筒设置在洁净区，洁净的玻璃瓶经检查合格后，进入灌装工序。

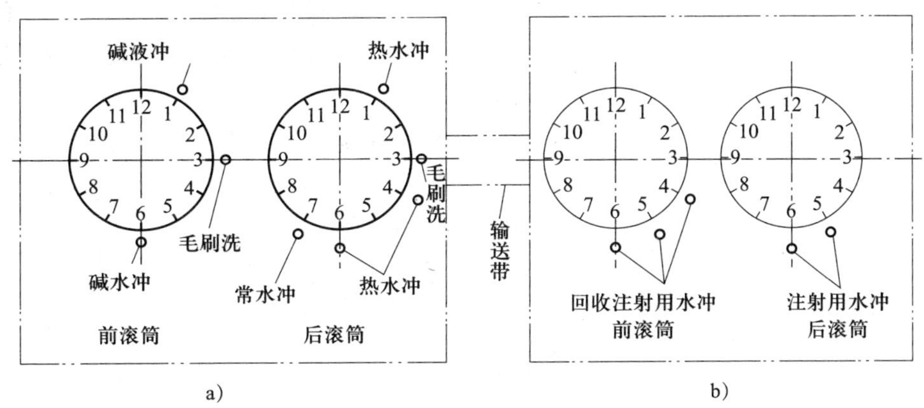

图 5－24　滚筒式洗瓶机工位

a）粗洗　b）精洗

（4）灌装设备

灌装机有许多类型，按灌装方式可分为常压灌装、负压灌装、正压灌装和恒压灌装，按计量方式可分为流量定时式、量杯容积式、计量泵注射式。下面介绍两种常见的灌装机。

1）量杯式负压灌装机。该机由药液计量杯、托瓶装置及无级变速装置 3 部分组成，如图 5－25 所示。

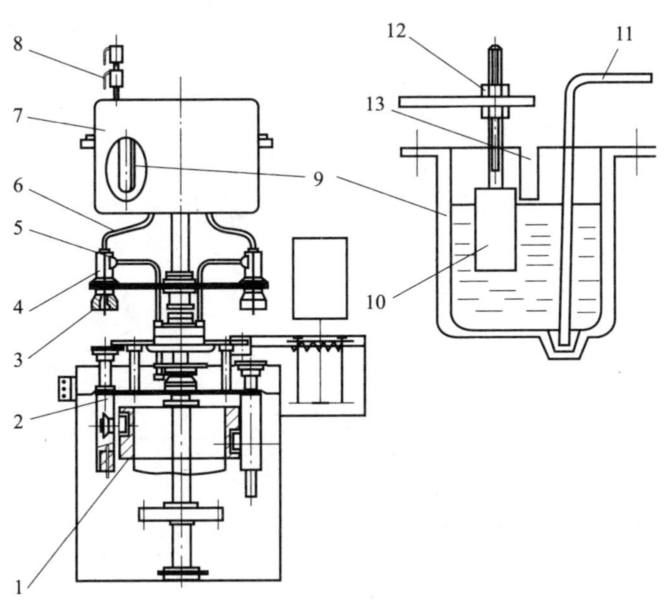

图 5－25　量杯式负压灌装机

1—升降凸轮　2—瓶托　3—橡胶喇叭口　4—瓶肩定位套　5—真空吸管　6—硅橡胶管　7—盛料桶　8—进液调节阀　9—计量杯　10—计量调节块　11—吸液管　12—调节螺母　13—量杯缺口

盛料桶中有10个计量杯，计量杯与灌装套用硅橡胶管连接，玻璃瓶由螺杆式输瓶器经拨轮送入转盘的托瓶装置，托瓶装置由圆柱凸轮控制升降，灌装头套住瓶肩形成密封空间，通过真空管路抽真空，药液负压流进瓶内。

计量杯计量原理：计量杯以容积定量，药液超过量杯缺口，则自动从缺口流向盛料桶内，即为计量粗定位；精确的调节是通过计量调节块在计量杯中所占的体积而定，旋动调节螺母使计量块上升或下降，从而确保装量准确。

2）计量泵注射式灌装机。该机是通过注射泵对药液进行计量并在活塞的压力下将药液充填于容器中。计量泵注射式灌装机如图5－26所示，计量泵以活塞的往复运动进行充填，以容积计量，常压灌装。首先粗调活塞行程，达到灌装量，再调节下部的微调螺母，可以达到很高的计量精度。

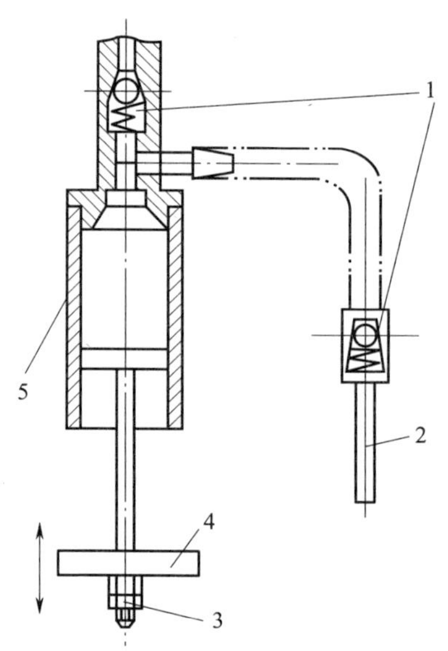

图5－26　计量泵注射式灌装机

1—单向阀　2—灌装管　3—微调螺母　4—活塞升降板　5—计量缸

（5）封口设备

药液灌装后必须在洁净区内进行封口，所以封口设备应与灌装机配套使用，以避免药品的污染和氧化。我国使用的封口形式有翻边形胶塞和T形胶塞，胶塞的外面再盖铝盖并轧紧。封口设备有塞胶塞机、胶塞翻塞机、轧盖机等。

1）塞胶塞机。塞胶塞机主要用于T形胶塞对A型玻璃瓶封口，可自动完成输瓶、螺杆同步送瓶、理瓶、送塞、塞塞等工序。

T形胶塞的塞塞机构如图5－27所示。当夹塞爪抓住T形胶塞时，玻璃瓶瓶托由凸轮作用托起上升，密封圈套住瓶肩部形成密封区间，真空吸孔充满负压，玻璃瓶继续上升，夹塞爪对准瓶口中心，在外力和瓶内真空的作用下将胶塞插入瓶口，弹簧始终压住密封圈以套住瓶肩部。

2）胶塞翻塞机。胶塞翻塞机主要用于翻边形胶塞对B型玻璃瓶的封口，可自动完成输瓶、理瓶、送塞、塞塞、翻塞等工序。

翻边形胶塞的塞塞机构如图 5－28 所示。加塞头插入胶塞的翻口时，真空吸孔吸住胶塞；对准瓶口时，加塞头下压，杆上销钉沿螺旋槽运动。塞头既有向瓶口压塞的功能，又有模拟人手旋转胶塞向下施压的动作。

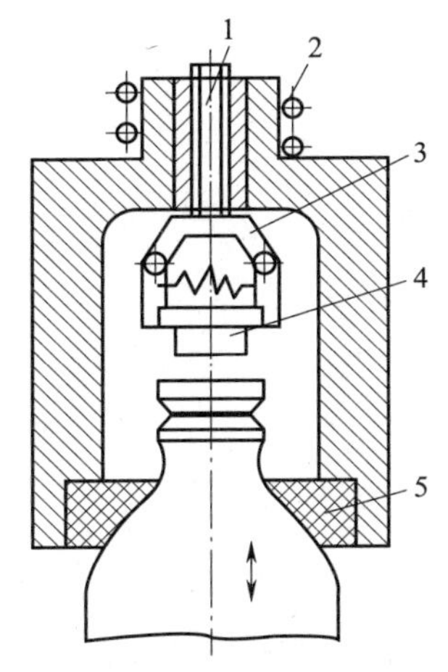

图 5－27　T 形胶塞的塞塞机构

1—真空吸孔　2—弹簧　3—夹塞爪

4—T 形胶塞　5—密封圈

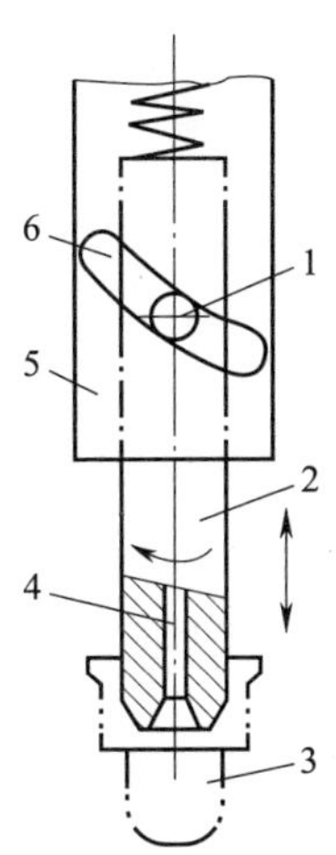

图 5－28　翻边形胶塞的塞塞机构

1—销钉　2—加塞头　3—翻边形胶塞

4—真空吸孔　5—轴套　6—螺旋槽

3）轧盖机。该机由振动螺旋装置、压瓶头、轧盖头等组成。轧盖时，瓶子不转动，轧刀机构绕瓶旋转。轧刀机构上设有 3 把轧刀，呈正三角形布置。轧刀收紧由凸轮控制，轧刀的旋转由专门的一组皮带变速机构来实现，且转速和轧刀的位置可调。

轧刀机构如图 5－29 所示。整个轧刀机构沿主轴旋转，又在凸轮作用下做上下运动。3 把轧刀均能以转销为轴自行旋转。轧盖时，压瓶头抵住铝盖平面，凸轮收口座继续下降，滚轮沿斜面运动，而 3 把轧刀向铝盖沿收紧并滚压，即起到轧紧铝盖的作用。

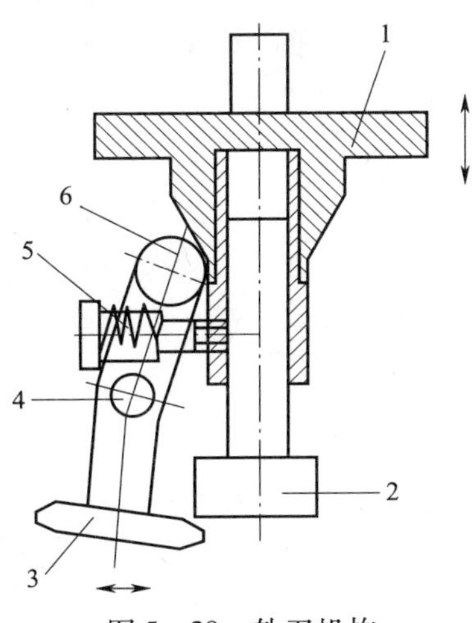

图 5－29　轧刀机构

1—凸轮收口座　2—压瓶头　3—轧刀　4—转销　5—弹簧　6—滚轮

思考与练习

1. 简述最终灭菌大容量注射剂的生产工艺及环境要求。
2. 最终灭菌大容量注射剂的容器有哪些？比较其优缺点。
3. 简述非 PVC 共挤膜软袋的构成及作用。
4. 分析最终灭菌大容量注射剂不溶性微粒超标的原因。

§5－3　粉针剂生产设备

学习目标

1. 掌握粉针剂的基本生产过程。

2. 熟悉螺杆分装机、冻干机、轧盖机等粉针剂生产设备的基本原理、结构以及设备的日常维护与保养。

3. 了解粉针剂生产过程的相关 SOP。

一、概述

注射用无菌粉末简称粉针剂。凡是在水溶液中不稳定的药物，既不能制成水溶性注射剂，更不能在溶液中加热灭菌，比如青霉素 G、一些医用酶制剂及血浆等生物制品。在临床应用时，粉针剂常以适当的溶媒溶解后供注射用。

粉针剂分为无菌分装粉针剂和冷冻干燥粉针剂。无菌分装粉针剂是用无菌操作法将经过无菌精制的药物粉末分装于洁净灭菌小瓶或安瓿中密封制成；冷冻干燥粉针剂是将药物制成水溶液，以无菌操作法灌装，经冷冻干燥后，在无菌条件下密封而成。

二、常用粉针剂生产设备

粉针剂生产过程包括粉针剂玻璃瓶的清洗、灭菌、干燥，以及药物的充填、玻璃瓶盖胶塞、轧封铝盖、半成品检查、贴标签等。粉针剂生产联动线如图 5－30 所示。

1. 无菌分装粉针剂生产主要设备

（1）西林瓶洗瓶机

1）毛刷式洗瓶机。毛刷式洗瓶机结构如图 5－31 所示，它是粉针剂生产中应用较早的一种洗瓶设备。通过人工或机械方法将需清洗的西林瓶瓶口向上送入转盘中，经过转盘整理排列成行输送到旋转主盘的齿槽中，经过淋水管使瓶内灌入洗瓶水，圆毛刷在上轨道斜面的作用下以 450 r/min 的转速刷洗瓶内壁，此时瓶子在压瓶机构的压力下自身不能转动。待瓶

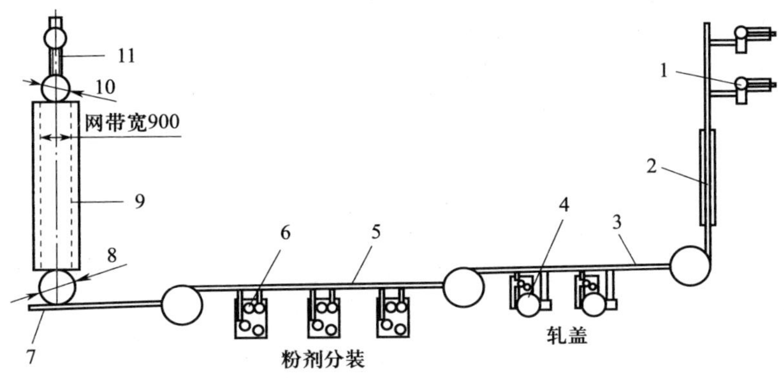

图 5－30　粉针剂生产联动线

1—贴标机　2—灯检机　3、5、7—输送带　4—轧盖机　6—分装机　8、10—转盘　9—隧道烘箱　11—超声波洗瓶机

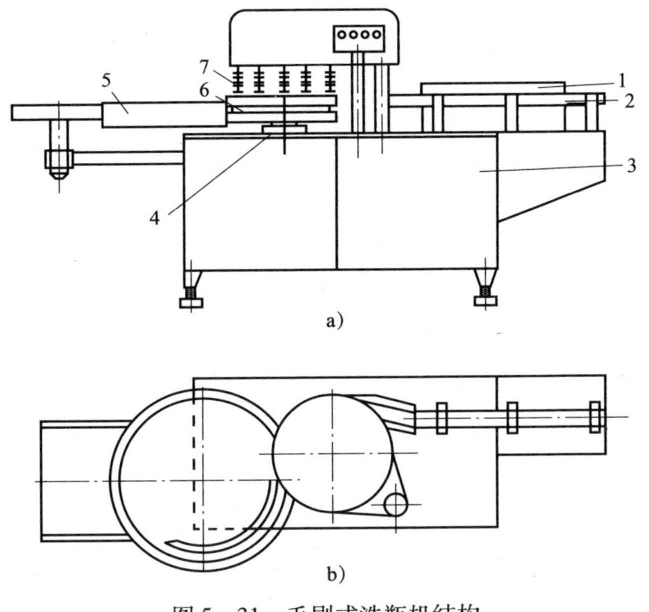

图 5－31　毛刷式洗瓶机结构

a）主视图　b）俯视图

1—水气系统　2—翻瓶轨道　3—机架　4—传动系统　5—输瓶转盘　6—旋转主盘　7—刷瓶机构

子随主盘旋转脱离压瓶机构时，瓶子在圆毛刷张力作用下开始旋转，先后进行离子水和注射用水冲洗，再经洁净压缩空气吹干水分，而后翻瓶轨道将瓶子再翻转使瓶口向上，送入下道工序。

2）超声波洗瓶机。超声波洗瓶机由超声波水池、冲瓶传送装置、冲洗部分和空气吹干等部分组成。其工作原理在本章第一节已经叙述，这里不再介绍。

（2）西林瓶烘干设备

洗净的西林瓶必须尽快干燥和灭菌，以防止污染。灭菌干燥设备分为柜式和隧道式。隧道式灭菌烘箱的结构和原理之前已经介绍，本节主要介绍柜式电热烘箱，如图 5－32 所示。

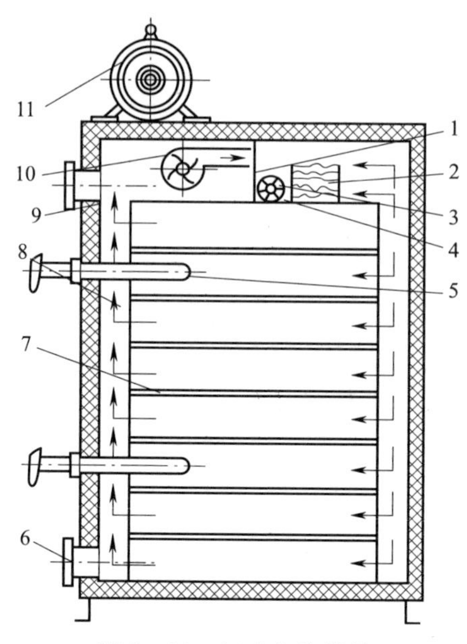

图 5－32　柜式电热烘箱

1—挡风板　2—电热丝　3—排风口　4—排风调节板　5—温度计　6—进风口　7—托架　8—风量调节板　9—保温层　10—风机　11—电机

其工作原理如下：洗净后的西林瓶整齐排列放入底部有孔的方盘中，然后将方盘从烘箱后门送进烘箱，放置在托架上，通电启动风机并升温，使箱内温度升至 180 ℃，保持 1.5 h，即完成了西林瓶的干燥灭菌。停止加热，风机继续运转对瓶进行冷却，当箱内温度降至比室温高 15～20 ℃时，烘箱停止工作，打开洁净室一侧的前门，出瓶，转入下道工序。

（3）粉针剂分装设备

分装设备的功能是将药物定量灌入西林瓶内，并加上橡皮塞。这是无菌粉针剂生产过程中最重要的工序，依据计量的方式分为螺杆分装和气流分装。两种方法都是按照体积计量的，因此药物的黏度、流动性、比容积、颗粒大小和分布都直接影响装量的精度，也影响分装机构的选择。

1）螺杆分装机。螺杆分装机利用螺杆的间歇旋转将药物转入瓶内达到定量分装的目的，结构如图 5－33 所示。

工作原理：粉针剂置于料斗中，在料斗下部有落粉头，内部有单向间歇旋转的计量螺杆，每个螺距具有相同的容积，计量螺杆与导料管的壁间有均匀及适量的间隙，螺杆转动时，料斗内的药粉则被沿轴移送到送药嘴，并落入位于送药嘴下方的西林瓶中。精确地控制螺杆的转角就能获得药粉的准确计量，其容积计量误差为 2%。

2）气流分装机。气流分装机利用真空吸取定量容积粉针剂，再经过净化、干燥的压缩空气将粉针剂吹入西林瓶中，其装量误差小，速度快，机器性能稳定。

粉针剂分装系统如图 5－34 所示。搅粉斗内搅拌桨每吸粉一次旋转一周，其作用是使装

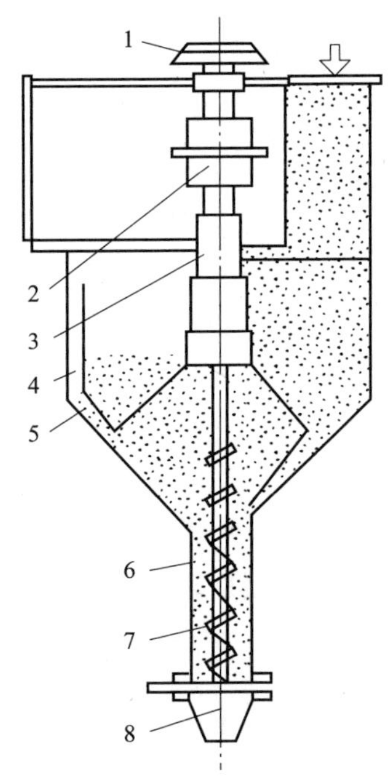

图 5－33 螺杆分装机结构

1—传动齿轮 2—单向离合器 3—支撑座及螺杆套筒 4—搅拌桨 5—料斗
6—导料管 7—计量螺杆 8—送药嘴

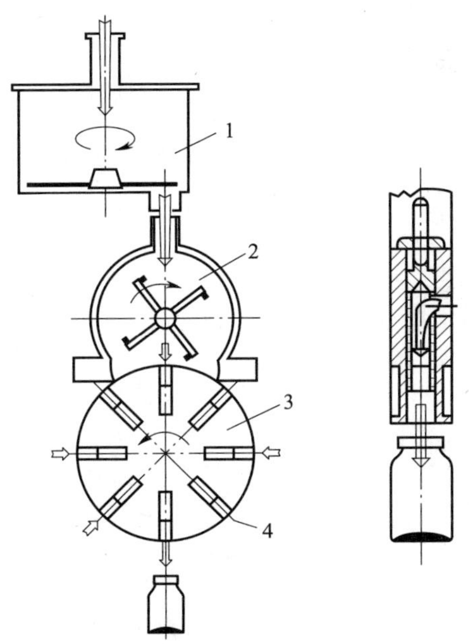

图 5－34 粉针剂分装系统

1—装粉筒 2—搅粉斗 3—粉剂分装头 4—分装孔

粉筒落下的药粉保持疏松，并协助将药粉装进粉针剂分装头的定量分装孔中。真空接通，药粉被吸入计量孔内，并有粉针剂吸附隔离塞阻挡，使空气逸出，当计量孔回转 180°至装粉工位时，净化压缩空气通过吹粉阀门（由凸轮控制）将药粉吹入瓶中。

（4）粉针剂轧盖系统

粉针剂一般易吸湿，在有水分的情况下药物稳定性下降，因此粉针剂应轧上铝盖，保证瓶内药物密封不透气，确保药物的质量。粉针剂轧盖机按工作部件分为单刀式和多头式，按轧盖方式分为挤压式和滚压式，国内常用的是单刀式轧盖机。

1）单刀式轧盖机。单刀式轧盖机主要由进瓶转盘、进瓶星轮、轧盖头、轧盖刀、定位器、铝盖供料振荡器等组成。工作时，盖好胶塞的瓶子由进瓶转盘送入轨道，经过铝盘轨道时铝盖供料振荡器将铝盖放置于瓶口上，由撑牙齿轮控制的星轮将瓶子送入轧盖头部分，底座将瓶子顶起，由轧盖头带动做高速旋转，轧盖刀压紧铝盖的下边缘，同时瓶子旋转，将铝盖下缘轧紧于瓶颈上。

2）多头式轧盖机。多头式轧盖机的工作原理与单刀式轧盖机相似，只是轧盖头由一个增加为几个，同时机器由间歇运动变为连续运动。其工作特点是速度快，产量高。

2. 冷冻干燥粉针剂生产设备

（1）冷冻干燥原理

冷冻干燥是将需要干燥的药物溶液预先冻结成固体，然后在低温低压条件下，从冻结状态不经过液体而直接升华去除水分。凡是对热敏感、在水溶液中不稳定的药物都可以采用此法制备。

冷冻干燥可用水的三相平衡图加以说明，如图5－35所示。*O*点是冰、水、水蒸气的平衡点，在这个温度和压力下，冰、水、水蒸气共存，温度为0.01 ℃，压力为613.3 Pa（4.6 mmHg）。当压力低于613.3 Pa（4.6 mmHg）时，不管温度如何变化，只有水的固态和气态存在，液态不存在。根据平衡曲线*OC*，对于冰，升高温度或降低压力都可以打破气固平衡，使整个系统朝着冰转化为水蒸气的方向进行，冷冻干燥就是根据这个原理进行的。

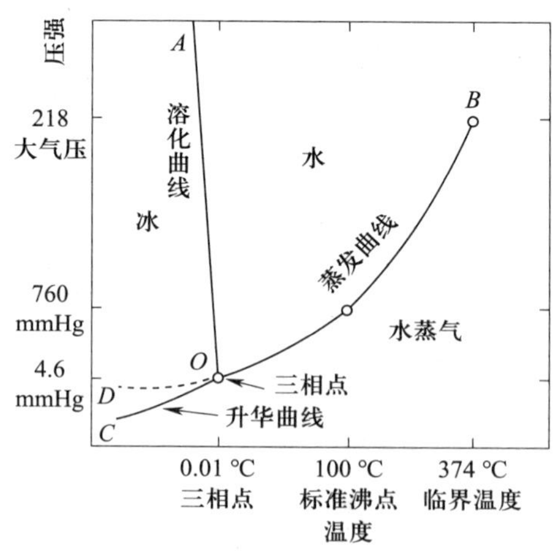

图5－35　水的三相平衡图

（2）冷冻干燥机

冷冻干燥机按系统分为制冷系统、真空系统、循环系统、液压系统、控制系统、CIP

（在线清洗）/SIP（在线消毒）系统和箱体。为了减小升华时的阻力，冷冻干燥时物料的厚度不宜过厚，一般不超过 12 mm，整个干燥时间需要 12～24 h。

制冷系统在冷冻干燥设备中最重要，被称为“冷冻干燥机的心脏”。制冷系统由制冷压缩机、冷凝器、蒸发器和热力膨胀阀等构成，主要用于为干燥箱内制品的前期预冻供给能量，以及为后期冷凝器捕集升华水气供给冷量。

真空系统的主要作用是使产品中的水分在真空状态下快速升华，达到干燥的目的。

循环系统是用制冷剂或电热将循环于隔板中的导热液进行降温或升温的装置，确保制品冻结、升华、干燥过程的进行。

液压系统是在冷冻干燥结束时，将瓶塞压入瓶口的专用设备。

控制系统是冷冻干燥机的指挥系统。冷冻干燥的控制包括制冷机、真空泵和循环泵的控制，加热功率的控制，温度、真空度和时间的测试与控制，以及自动保护和报警。

CIP/SIP 系统用于冻干箱、设备管路、冷凝器等装置的在线清洗和灭菌。

箱体又称为冻干箱，它直接影响整个冷冻干燥机的性能。产品的冷冻干燥是在箱体内进行的。

思考与练习

1. 简述粉针剂的基本生产过程。
2. 简述冷冻干燥的原理。
3. 简述冷冻干燥机的主要构成及作用。
4. 简述无菌分装过程中常出现的问题及解决办法。

实训项目七　注射剂洗烘灌封联动线的使用与维护

一、实训目的

1. 能按标准操作规程使用洗烘灌封联动线完成注射剂的洗烘灌封操作。
2. 能正确阐述注射剂洗烘灌封联动线的基本结构、工作原理。
3. 能预见并解决洗烘灌封过程中出现的一般问题。

二、实训设备和场地

1. ALX－A 型安瓿洗烘灌封联动线。
2. 注射剂生产模拟车间。

三、实训内容与步骤

安瓿洗烘灌封联动线是将安瓿的清洗、干燥灭菌及药液的灌封联合起来的自动化生产线。与单机生产比较，联动线生产过程的自动化程度高，提高了生产效率，有效避免了混淆和交叉污染，确保了注射剂产品的质量。

1. 开机前准备

（1）洗瓶机部分

1）检查洗瓶机各管路接头是否牢固，针头是否完好，溢水管、储水槽溢排管是否插好。

2）检查过滤器完整性，安装滤芯。

3）打开洗瓶机注射用水入槽阀门，将清洗槽注满水。

（2）干燥灭菌部分

1）设定隧道式灭菌烘箱烘干灭菌温度、温控停机温度，对烘箱进行预热。

2）检查隧道式灭菌烘箱各段风速和风压是否符合要求。

（3）灌封部分

1）安装灌封机灌药器系统。

2）校正灌封机所有充气针头与灌注针头，使之与安瓿瓶口对正。

3）用注射用水冲洗管路、部件至无可见异物，并将注射用水排净。

2. 开机操作

（1）洗瓶

启动设备，选择“联动启动”，安瓿清洗速度将与烘干机、灌封机匹配，清洗后的安瓿自动送至烘箱进瓶网带。

（2）干燥灭菌

确认烘箱温度已达到设定温度，选择工作方式为“联动启动”，网带自动走带，清洗后的安瓿依次完成预热、高温灭菌、冷却，自动输送至灌封机。

（3）灌封

1）启动设备，试灌装，用标定好的注射器量取安瓿内的药液，对泵进行调节，使装量符合要求。

2）打开燃气和氧气管阀门和流量计，点燃火焰，试封口，根据封口情况对火焰、拉丝钳等进行调整，直至封口合格。

3）试灌封合格后，点击“自动运行”，设定合适的灌装速度，选择工作方式为“联动启动”。

4）灌装过程中按规定时间检查装量、可见异物，如产生偏差应及时校正，并随时挑出焦头、封口不严、装量不足等不合格品。

3. 操作结束

（1）设备停机，关闭各阀门。

（2）对设备及操作间按清洁操作规程进行清洁、消毒。

（3）填写设备运行记录。

4. 日常维护与保养

（1）超声波洗瓶机

1）检查设备表面是否清洁。

2）检查设备的环境温度、相对湿度和灰尘等。

3）检查设备是否有异常振动和噪声。

4）检查发光二极管、指示灯是否正常工作。

5）检查数显温控仪、电流表显示读数是否正确。

6）检查管路出口的出水量是否减少。

（2）隧道式灭菌烘箱

1）开机前应检查各部位的润滑情况，加注润滑油。

2）查看网带的运行状态，观察是否有异常振动和噪声。

3）检查地脚螺栓是否松动，并适时调整，保障其正常运行平稳。

4）检查校验输送网带的平衡度和平稳度。

5）检查加热管工作情况，如有断裂或不亮等异常情况要及时更换。

（3）安瓿拉丝灌封机

1）生产结束后使用蒸馏水或医用酒精清洗灌装嘴，取下烘干并保存在专用的器皿中。

2）尽量减少回火次数，生产结束后保养火头，使用细钢丝或钢针疏通火头。

3）检测燃气和助燃气管路，如发现漏气无法使用，应及时更换。

4）设备保持清洁，及时清理油污、药液或玻璃碎屑，以免造成机器损坏或腐蚀。

5. 常见故障与排除

灌封过程中常见故障与排除方法见表 5－1。

表 5－1　灌封过程中常见故障与排除方法

常见故障	原因	排除方法
送瓶网带不动	网带被卡住	检查并排除故障
	传动齿轮损坏	更换齿轮
	传动减速机损坏	更换减速机
绞龙进瓶处破瓶	进瓶块损坏	更换进瓶块
	绞龙与进瓶拨轮位置关系不对	调整好位置
	挡瓶弹片损坏	更换弹片
灌针滴漏	灌装管路漏气	更换灌装管路
	灌装管路有气泡	排空灌装管路
	灌装泵漏气	更换灌装泵
	回吸量过小	加大回吸量
	玻璃十通漏气	更换玻璃十通

续表

常见故障	原因	排除方法
灌装工位不灌装	灌装机构传感器位置偏移	调整复位
	陶瓷计量泵密封不良	检查或更换
	陶瓷计量泵吸液口密封不良	检查胶管和胶垫密封情况
	陶瓷计量泵损坏	检查原因或更换
	吸液、出液管有死弯	调整胶管角度，使其无死弯
	主机速度过快	调慢主机速度
加热火头不均匀	管路堵塞	清理管路
	火嘴被烧坏	更换火嘴
拉丝时安瓿不转动	转瓶橡胶轮磨损过多	更换转瓶橡胶轮
	转瓶橡胶轮未压紧瓶	加大压紧力
	转瓶同步带损坏	更换同步带
	安瓿瓶身及滚轮外表面黏附药液	保持瓶身及滚轮的干燥，擦干滚轮上黏附的药液
拉丝出现尖头、泡头、焦头等	火头凸轮位置不对	调整火头凸轮位置
	加热温度与主机速度不匹配	调整主机速度或加热火焰大小
	药液黏附于瓶壁上	调整灌针位置，防止灌针触碰瓶壁并采取防滴漏措施

四、实训测评

按表 5－2 所列实训评分标准进行测评，并做好记录。

表 5－2　　实训评分标准

序号	考核内容	考核标准	配分	得分
1	安瓿灌封的方法	能够准确说出安瓿灌封的方法及注意事项	20	
2	洗烘灌封联动线设备知识	能够正确说出联动线的设备组成、工作过程	20	
3	洗烘灌封联动线操作	① 能够正确操作洗瓶机、隧道式灭菌烘箱和拉丝灌封机 ② 能够解决操作过程中出现的一般问题 ③ 能够正确填写生产记录	40	
4	日常维护与保养	能正确维护和保养设备	10	
5	其他	① 安全使用设备 ② 正确回答老师提问	10	
合计			100	

第六章

其他剂型生产设备

药物制剂除了常用的口服固体制剂、口服液体制剂及无菌制剂外，还有诸多其他类型的制剂，如丸剂、栓剂、软膏剂及气雾剂等。本章主要介绍丸剂、栓剂、软膏剂、气雾剂等制剂的生产设备。

§6－1　丸剂生产设备

学习目标

1. 掌握制丸设备的主要结构和基本原理。
2. 掌握滴丸设备的主要结构和基本原理。
3. 能正确使用和维护制丸设备。
4. 能正确使用和维护滴丸设备。

一、概述

1. 丸剂简介

丸剂是指药材细粉或药材提取物加适宜的黏合辅料制成的球形或类球形制剂。凡各种生药粉末、浸膏、化学药品以及其他有特殊气味的药品，都可制成丸剂，方便服用。

（1）丸剂按制备方法分类

根据制备方法不同，丸剂分为3类。

1）塑制丸。采用塑制法，将药物细粉与适宜辅料（如润湿剂、黏合剂、吸收剂或稀释剂）混合制成具有可塑性的丸块、丸条后，再分剂量制成丸剂。塑制丸如蜜丸、糊丸、浓缩丸、蜡丸等。

2）泛制丸。采用泛制法，将药物细粉与润湿剂或黏合剂在适宜翻滚的设备内，通过交替撒粉与润湿，使药丸逐层增大。泛制丸如水丸、水蜜丸、浓缩丸、糊丸等。

3）滴制丸（滴丸）。采用滴制法，将固体或液体药物经溶解、乳化或混悬于适宜的熔融基质中，再滴入另一与之不相混溶的冷却液中，由于表面张力的作用，液滴收缩冷却而成丸。滴丸主要供口服，也可供局部使用及外用。

（2）丸剂按赋形剂分类

根据赋形剂的不同，丸剂分为6类。

1）蜜丸。蜜丸是中药或西药制剂的一种，是指把药物研成粉末与水、蜂蜜或淀粉糊混合团成丸状。每丸质量在0.5 g（含0.5 g）以上的称大蜜丸，每丸质量在0.5 g以下的称小蜜丸，如安宫牛黄丸、琥珀抱龙丸、八珍益母丸、人参养荣丸等。水蜜丸是指药物细粉以蜂蜜和水为黏合剂制成的丸剂。

2）水丸。水丸也称水泛丸，是指将药物细粉以冷开水、药汁或其他液体（黄酒、醋或糖液）为黏合剂制成的小球形干燥丸剂。因其黏合剂为水溶性的，服用后易崩解吸收，显效较快，如木香顺气丸、加味保和丸等。

3）浓缩丸。浓缩丸又称膏药丸，是指将部分药物的提取液浓缩成膏，再与某些药物的细粉以水、蜂蜜或两者为黏合剂制成的丸剂，如安神补心丸、舒肝止痛丸等。

4）糊丸。糊丸是指药物细粉以米粉、米糊或面糊等为黏合剂制成的丸剂。

5）蜡丸。蜡丸是指药物细粉以蜂蜡为黏合剂制成的丸剂。

6）微丸。微丸是指直径小于2.5 mm的各类丸剂。

（3）丸剂的特点

1）溶散、释放药物缓慢，可延长药效，缓解毒性、刺激性，减弱不良反应，多用于治疗慢性疾病或病后调和气血者。

2）服用方便。

3）制法简便，适用范围广，如固体、半固体、液体药物均可制成丸剂。

4）可掩盖不良气味。

5）可容纳较多黏稠性药物，贵重、芳香不宜久煎的药物宜制成丸剂。

2. 丸剂的生产工艺流程

（1）塑制法制备丸剂的生产工艺流程

药物和辅料→制塑性团块→制丸条→分割及搓圆→干燥→质检→包装。

（2）泛制法制备丸剂的生产工艺流程

药物和辅料→起膜→成丸→盖面→干燥→选丸→包衣→质检→包装。

（3）滴制法制备丸剂（滴丸剂）的生产工艺流程

药物和基质→混悬或熔融→滴制→冷却→洗丸→干燥→选丸→质检→分装。

二、常用丸剂生产设备

1. 制丸机

根据制备方法的不同，采用塑制法的常用设备为全自动中药制丸机，采用泛制法的常用设备为糖衣锅。本节主要介绍速控全自动中药制丸机。

（1）主要结构

速控全自动中药制丸机（见图6－1）主要结构有机箱、压板轴、螺旋推进器、出条片、导轮、导向架、制丸刀轮等。

图6－1　速控全自动中药制丸机

（2）工作原理

速控全自动中药制丸机将混合、炼制均匀的药坨均匀地投入制丸机料仓中，在螺旋推进器的挤压下，制出1～8条直径相同的药条，药条经过导轮进入制丸刀轮，连续、快速地切搓出圆整均匀的药丸。

（3）设备使用

1）开机准备如下：

① 检查齿轮箱及减速器的油位，使其保持在规定范围。

② 检查制丸刀是否对正、拧紧。

③ 检查自控系统是否灵敏。

④ 检查推料系统安装是否正确。

⑤ 检查酒精系统是否正常。

⑥ 打开酒精系统开关。

2）开机操作如下：

① 打开电源开关，启动推料开关，调整好推料速度，加入药坨。待药条光滑后，启动切丸、搓丸开关，调整切丸速度，使其与推料速度匹配，将药条引入制丸刀槽中，即可工作。

② 调节挂条挠度。

③ 挂条挠度应保持一致。

3）加料。运行中均匀向料斗内加料，要加满，以不溢出为准。

4）切丸速度的调整。根据出条速度，使切丸速度略高于出条速度，保持药条贴在自控轮的下部。

5）酒精开关的调整。酒精滴的大小及数量以不粘刀为准。

（4）维护保养

基本维护保养方法如下：

1）投料时不得有异物进入料斗（特别要防止工具进入料斗）。

2）清洗时不得划伤出条模板孔。

3）更换品种时，应将与药物接触的部位全部清洗干净，更换相应的制丸刀及出条模板。

4）时刻注意设备的运行情况，一旦有异常，应立即停机检查，排除故障。减速器及齿轮箱机油面应保持在规定范围，正常运行情况下每6个月更换一次新油。

（5）常见故障与排除

速控全自动中药制丸机的常见故障与排除方法见表6－1。

表6－1　速控全自动中药制丸机的常见故障与排除方法

常见故障	原因	排除方法
丸与丸之间连接不断	制丸刀没有对正，药太硬，药太黏	对正制丸刀，处理药物，将制丸刀刀刃部搓成锯齿形
药丸呈方块形	药料硬，药性黏	将制丸刀圆弧面划出弧线沟，使制丸刀与药丸之间的摩擦力增大
出现异常声音且不搓丸、不切丸	刀轴与齿轮轴卡死	刮研刀轴与齿轮轴的接触面
	弹簧断裂	更换弹簧
	齿轮轴与齿轮螺栓松动	旋紧齿轮轴与齿轮
推料与切丸速度不同步	自控系统失灵	检查接近开关磁头与金属片之间的距离，更换自控系统

2. 滴丸机

滴制法制备的丸剂称为滴丸。制备滴丸剂的主要设备为滴丸机。本节主要介绍全自动滴丸机，如图6－2所示。

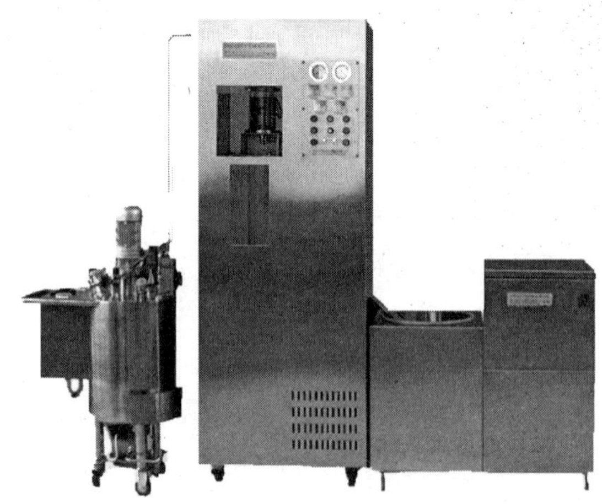

图6－2　全自动滴丸机

（1）主要结构

全自动滴丸机的主要结构有药物调制供应系统、动态滴制系统、冷却收集系统、循环制冷系统、电气控制系统等。

1）药物调制供应系统。该系统主要结构有滴罐、底盘、油浴加热器、保温夹层、搅拌器、药液输出开关、压缩空气输送机构等。将配制好的药液加入滴罐中，通过夹层油浴对药液进行保温，并维持恒定的滴制温度。

2）动态滴制系统。调节滴头开关后，滴罐内的药液滴入冷却柱的冷却剂中，冷却剂从高到低温度逐渐下降，使得滴液在冷却剂中先因表面张力的作用而收缩成圆球形，再因重力作用缓缓下降而凝固。通过调节节流开关控制油泵流量，可维持冷却剂在冷却柱中液面高度的平衡。

3）冷却收集系统。冷却柱上端管口处有加热棒，可通过加热维持管口端的温度，以使药液在滴入冷却剂中时，有足够的时间充分收缩成圆球形。通过调节自动升降装置，可使滴头与冷却液液面距离足够小，避免因滴液溅落而形成微粒，影响滴丸质量。

4）循环制冷系统。冷却剂通过油泵与油箱、冷却柱连接而循环流动。冷却剂经制冷机组进行制冷后，再经油泵输送回冷却柱，以保证冷却剂的冷却效果，使滴丸顺利凝固成型并冷却。

5）电气控制系统。滴丸机的液晶显示操作屏可对设备各电气元件进行操作，并根据需要在显示操作屏上设置各参数值。

（2）工作原理

将药物与加热熔化成液态的基质混合均匀获得药液，开启滴罐，将药液吸入滴罐内，调节滴头开关，药液滴入冷却柱内与其不相混溶的冷却剂中，在表面张力的作用下，药液收缩成圆球形，经冷却系统冷却凝固成型后，经循环系统输送至出料口，与冷却剂分离得到滴丸。

（3）设备使用

基本操作方法如下：

1）准备工作。

① 检查设备是否完好。

② 主机连接压缩空气管路，调整压力。

③ 打开主控开关，将滴头侧面的照明灯点亮。显示操作屏自动进入操作界面。

④ 关闭滴头开关。

2）滴制前的调试准备。

① 点击“参数设定”，设定生产时所需的底盘温度、油浴温度、制冷温度、药液温度，并开启自动加热及温度控制。

② 打开油泵开关，输送冷却剂至冷却柱，并通过循环系统进行循环。

③ 打开制冷开关，制冷机开始对循环系统中的冷却剂进行制冷。

④ 打开管口加热开关，对冷却柱上端冷却剂进行加热，形成梯度降温环境。

⑤ 将药液加入滴罐中，开启搅拌器搅拌，使药液受热均匀并达到设定温度。

3）滴制。

① 各项参数达到预设值后，开启滴头开关，滴制滴丸。

② 按要求监控生产过程，并检测滴丸质量，根据需要调节、控制各参数。

4）停机。

① 生产结束，关闭制冷、油泵及加热开关。

② 清洗滴罐，关闭电源。

③ 清洁设备各部件。

（4）维护保养

基本维护保养方法如下：

1）使用滴丸机时，内置化料罐油缸温度上、下限一般相差 10 ℃。

2）室内温度高时，制冷温度上限为 5 ℃，下限为 4 ℃，一般在 10 ℃以下。

3）上料时，气压太大会导致上面的管路堵塞，应及时调节。

4）清洗滴丸机主机时，必须把设备的气压调小。

5）滴丸时，如果气压太大，容易制成条状而不是丸状，也会造成堵塞。

6）化料时，一般油浴温度在 100 ℃。料液温度在 65 ℃时，可将油浴温度调到 90 ℃。

7）滴丸机管口的温度不能超过 55 ℃，否则应及时降温。

8）滴丸经离心干燥处理后，应及时取出，以免放置时间过长导致滴丸变色。

9）滴丸机里的硅油过少会导致冷却温度过高，造成堵塞。

10）油浴温度不能超过 100 ℃，以免导热油冒出。

11）滴丸机上料时不能搅拌。

12）在滴丸滴制过程中，如果发现药液不足导致滴丸质量偏小，应及时手动关闭滴头开关，再进行上料。

13）滴丸机的离心机在离心时应防止振动。

【知识链接】

一般滴丸机有气压上料或者气压滴制的设计。滴制前，药液需要加热、溶解，容器的温度高，应注意防止烫伤。密封容器设计有泄压装置，在打开密封容器前，应先打开泄压装置，再进行其他操作，以免发生危险。在使用滴丸设备之前，要根据说明书掌握设备的运行原理，不可在有疑虑的情况下操作设备。

思考与练习

1. 速控全自动中药制丸机的主要结构有哪些？
2. 速控全自动中药制丸机的使用包括哪些步骤？
3. 全自动滴丸机的主要结构有哪些？
4. 如何对全自动滴丸机进行维护保养？

§6－2　栓剂生产设备

学习目标

1. 掌握栓剂配料设备的主要结构和基本原理。
2. 掌握栓剂灌封设备的主要结构和基本原理。
3. 能正确使用和维护栓剂配料设备。
4. 能正确使用和维护栓剂灌封设备。

一、概述

1. 栓剂简介

栓剂指药物与适宜基质制成的具有一定形状的，供人体腔道内给药的固体制剂。栓剂在常温下为固体，塞入腔道后，在体温下能迅速软化熔融或溶解于分泌液，逐渐释放药物而产生局部或全身作用。

（1）按给药途径分类

根据给药途径不同，栓剂可分为直肠用、阴道用、尿道用栓剂等，如肛门栓、阴道栓、尿道栓、牙用栓等，其中最常用的是肛门栓和阴道栓。为适应机体的应用部位，栓剂的性状和质量各不相同，一般均有明确规定。

1）肛门栓。肛门栓有圆锥形、圆柱形、鱼雷形等形状，每颗质量约为 2 g，长 3 ~ 4 cm，儿童用肛门栓质量约为 1 g。其中，鱼雷形肛门栓较好，塞入肛门后因括约肌收缩容易压入直肠内。肛门栓中的药物只能发挥局部治疗作用。

2）阴道栓。阴道栓有球形、卵形、鸭嘴形等形状，每颗质量为 2 ~ 5 g，直径为 1.5 ~ 2.5 cm，其中以鸭嘴形的表面积最大。

3）尿道栓。尿道栓有男女之分：男用的尿道栓重约 4 g，长 1.0 ~ 1.5 cm；女用的尿道栓重约 2 g，长 0.60 ~ 0.75 cm。

（2）按制备工艺与释药特点分类

1）双层栓。双层栓有两种：一种是内、外层含不同药物；另一种是上、下两层分别使用水溶性或油脂性基质，将不同药物分隔在不同层内，通过控制各层的溶解，使药物具有不同的释放速率。

2）中空栓。中空栓可达到快速释药的目的。中空部分填充各种不同的固体或液体药物，溶出速率比普通栓剂快。

3）控、缓释栓。控、缓释栓有微囊型、骨架型、渗透泵型、凝胶缓释型。

（3）栓剂的作用特点

1）药物不受或少受胃肠道 pH 或酶的破坏。

2）避免药物对胃黏膜的刺激。

3）中下直肠静脉吸收可避免肝脏首过效应。

4）适宜于不能或不愿口服给药的患者。

5）可在腔道起润滑、抗菌、杀虫、收敛、止痛、止痒等局部作用。

6）适宜于不宜口服的药物。

2. 栓剂的生产工艺流程

熔融基质→加入药物（混匀）→注模→冷却→刮削→取出。

二、常用栓剂生产设备

1. 栓剂配料设备

栓剂高效均质机是栓剂药品灌装前的主要混合设备，主要用于药物与基质按比例混合后搅拌、均质、乳化，是配料罐的替代产品。

（1）主要结构

栓剂配料设备（见图 6－3）由基质溶解罐、真空乳化搅拌罐、热水罐、凸轮转子泵、真空泵、热水卫生泵、液压系统、自动供料系统、电气控制系统等部分组成。

图 6－3　栓剂配料设备

（2）工作原理

栓剂配料设备工作时，转子高速旋转所产生的高切线速度和高频机械效应带来的强劲动能，使物料在定转子狭窄的间隙中受到强烈的机械及液力剪切、离心挤压、液层摩擦、撞击撕裂和湍流等综合作用，从而使不相溶的固相、液相、气相在相应成熟工艺和适量添加剂的共同作用下，瞬间均匀精细地分散乳化，经过高频的循环往复，最终得到稳定的高品质产品。

（3）设备使用

基本操作方法如下：

1）开机准备。

① 检查设备各结构部件是否正常。

② 检查水、电是否正常。

③ 检查自控系统是否灵敏。

④ 检查各泵是否可正常工作。

⑤ 检查各搅拌混合装置是否可正常运行。

2）开机。

① 打开电源开关。

② 开启热水罐供热水。

③ 启动热水卫生泵、真空泵、凸轮转子泵。

3）加料、配料。

① 加物料至基质溶解罐中溶解。

② 真空乳化搅拌罐对溶解的物料进行搅拌乳化。

4）操作结束。

① 开启自动清洗系统，对设备进行清洗。

② 清洁结束，停机。

（4）维护保养

基本维护保养方法如下：

1）各接地端务必良好接地，确保所有连接准确无误、牢固可靠。

2）要尽量保持供电电源的稳定性，避免电压过高、过低、波形畸变等不良现象。

2. 栓剂灌封设备

（1）主要结构

栓剂灌封设备（见图6-4）主要由成型灌装系统、冷却系统、封尾系统组成。其结构部件主要有放膜盘、传送夹具、灌装泵、物料桶、搅拌器、物料循环泵、分段切刀工位、冷却隧道、冷风机、封尾传送夹具、封尾模具、批号打印装置等。

图6-4 栓剂灌装设备

（2）工作原理

PVC/PE复合膜经夹持机构进入成型区，经预热、吹气后制壳成型，料桶中的药物经灌装泵进入灌装头对成型栓剂进行灌装，灌装完毕的栓剂送入冷却架进行冷却，待栓剂凝固成型后进入封口区，经预热、封口、打码进行整形封边得到成品。

（3）设备使用

基本操作方法如下：

1）开机准备。

① 检查设备各结构部件是否正常。

② 检查水、电、气供应是否正常。

③ 检查各泵是否能正常工作。

④ 检查各加热部件是否正常。

⑤ 检查复合膜是否正常。

2）开机。

① 打开电源开关，启动PLC控制系统。

② 设置各温度参数，开启预热模具、冷却机组。

3）加料、灌装。

① 将配制好的物料加入料桶中，备用。

② 开启自动供料系统，按程序完成灌装、冷却、封尾及打码。

4）操作结束，按要求对设备进行清洁，停机。

（4）维护保养

基本维护保养方法如下：

1）使用前后应注意检查设备内是否有异物，如残留的液体物料或其他石块、铁屑等，并及时清理。

2）不要用水或其他液体清洁电机。勿使用工具或其他无关物品接触灌装机。

3）灌装机运行时应有专人进行监控。

4）使用完毕后，应及时清洗灌装机。清洗时，应注意戴手套、眼镜和穿工作服。

5）非专业维修人员不得靠近灌装机，以免发生危险。

【知识链接】

制备栓剂的基质一般要求室温时有适当的硬度，当塞入腔道时不变形、不碎裂，在体温下易软化、熔化；不与主药起反应，不影响主药的含量测定；对黏膜无刺激性，无毒性，无过敏性；理化性质稳定，在储存过程中不易霉变，不影响生物利用度等；具有润湿及乳化的性质，能混入较多的水。

常用的栓剂基质分为油脂性基质和水溶性与亲水性基质。油脂性基质有可可豆脂、半合成或全合成脂肪酸甘油酯等。水溶性与亲水性基质有甘油明胶、聚乙二醇类、非离子表面活性剂等。

思考与练习

1. 栓剂配料设备的主要结构有哪些?
2. 栓剂配料设备的工作原理是什么?
3. 栓剂灌封设备的主要结构有哪些?
4. 如何对栓剂灌封设备进行维护保养?

§6－3　软膏剂生产设备

学习目标

1. 掌握软膏剂制膏设备与灌装设备的基本结构与工作原理。
2. 熟悉软膏剂生产设备的主要类型。
3. 能按照 SOP 的要求正确使用软膏剂制膏设备与灌装设备。

一、概述

1. 软膏剂简介

(1) 软膏剂的含义

软膏剂是指药物与适宜基质均匀混合制成具有适当稠度的半固体外用制剂。其中，用乳剂型基质制成的易于涂布的软膏剂称为乳膏剂。

软膏剂具有热敏性和触变性。这些性质可以使软膏剂在长时间内紧贴、黏附或铺展在用药部位，既可以起局部治疗作用，也可以起全身治疗作用。软膏剂主要用于局部疾病的治疗，如抗感染、消毒、止痒、止痛和麻醉等。

(2) 软膏剂的特点

优良的软膏剂应具备以下特点：

1) 均匀、细腻、软滑、稠度适宜。

2) 易涂布于皮肤或黏膜，无粗糙感。

3) 性质稳定，储存时应无酸败、变质、分层等现象。

4) 所含药物有良好的释放和穿透性，能保证药物疗效的发挥。

5) 应无刺激性、过敏性等不良反应。

6) 用于创面的软膏剂应无菌。

7）美观，容易洗除。

（3）软膏剂的基质

软膏剂主要由主药和基质两部分组成。基质不仅是软膏剂的赋形剂，同时也是载体，对软膏剂的理化特性、质量和药物疗效的发挥都有重要作用。常用的基质有油脂性基质、乳剂型基质和水溶性基质。

1）油脂性基质。油脂性基质包括动物油脂、植物油脂、类脂及烃类等，其中以烃类基质凡士林为常用，其余多用于调节软膏剂的软硬度。

其共同的特点是滑润，无刺激性，能与较多的药物配伍，不易长菌。此类基质涂布在皮肤上能形成封闭性油膜，可以保护皮肤和裂损伤面，并能减少皮肤水分的蒸发，促进皮肤水合作用，使皮肤柔润，防止干裂等。油脂性基质油腻性及疏水性大，不易与水性液体混合，也不易用水洗除，故不适用于有渗出液的皮损部位。

2）乳剂型基质。乳剂型基质是将固体的油相加热熔化后与水相混合，在乳化剂的作用下乳化，最后在室温下成为半固体的基质。

常用的油相多数为固体，主要有硬脂酸、石蜡、蜂蜡、高级醇（如十八醇）等，有时为调节稠度加入液体石蜡、凡士林或植物油等。

【知识链接】

乳剂型基质有水包油（O/W）型与油包水（W/O）型两类。乳化剂对形成乳剂型基质的类型起主要作用。

O/W 型基质能与大量水混合，含水量较高。乳剂型基质不阻止皮肤表面分泌物的分泌和水分蒸发，对皮肤的正常功能影响较小。一般乳剂型基质特别是 O/W 型基质软膏中药物的释放和透皮吸收较快。基质中水分的存在，使其增强了润滑性，易于涂布。但是，O/W 型基质外相含水量多，在储存过程中可能霉变，常加入防腐剂。同时，水分也易蒸发失散而使软膏变硬，故常加入甘油、丙二醇、山梨醇等作为保湿剂，一般用量（质量分数）为 5%～20%。遇水不稳定的药物不宜用乳剂型基质制备软膏。值得注意的是，O/W 型基质制成的软膏在用于分泌物较多的皮肤病，如湿疹时，其吸收的分泌物可重新透入皮肤（反向吸收）而使炎症恶化，故应正确选择适应证。

3）水溶性基质。水溶性基质由天然或合成的高分子水溶性物质所组成，常用的有甘油明胶、淀粉甘油、纤维素衍生物、聚羧乙烯及聚乙二醇等。其中，除聚乙二醇为真正的水溶性基质外，其余多为凝胶，故亦称水凝胶基质。

水溶性基质一般释放药物较快，无油腻性，易涂布与洗除，对皮肤及黏膜无刺激性，能与水溶液混合并能吸收组织渗出液。水溶性基质多用于湿润、糜烂创面，有利于分泌物的排除；也常用作腔道黏膜（如避孕软膏）或防油保护性软膏的基质。水溶性基质的缺点是润滑作用较差，且易失水、干涸及霉败，故应加保湿剂及防腐剂。

2. 软膏剂的生产工艺流程

软膏剂的制备按照形成的软膏剂类型、制备量及设备条件不同，采用的方法也不同。溶液型或混悬型软膏剂常采用研磨法或熔融法。乳剂型软膏剂常在形成乳剂型基质过程中或在形成乳剂型基质后加入药物，称为乳化法。在形成乳剂型基质后加入的药物常为不溶性的微细粉末，实际上也属混悬型软膏剂。

制备软膏剂时，必须使药物在基质中分布均匀、细腻，以保障药物剂量与药效，这与制备方法的选择特别是加入药物方法的正确与否关系密切。

油脂性基质的软膏剂主要采用研磨法、熔融法和乳化法。

（1）研磨法

基质为油脂性的半固体时，可直接采用研磨法（水溶性基质和乳剂型基质不宜用）。一般，在常温下将药物与基质等量递加混合均匀。此法适用于小量制备，且药物不溶于基质。用软膏刀在陶瓷或玻璃软膏板上调制，也可在乳钵中研制。

药物+基质 —研磨→ 软膏

（2）熔融法

大量制备油脂性基质时，常用熔融法。熔融法特别适用于含固体组分的基质，先升温熔化高熔点基质，再加入其他低熔点组分并混合成均匀基质，然后加入药物，搅拌均匀冷却即可。药物不溶于基质，必须先研成细粉筛入熔化或软化的基质中，再搅拌混合均匀。若软膏不够细腻，需要通过研磨机进一步研匀，确保无颗粒感。

基质 —△→ 熔化 —+药物→ 软膏

（3）乳化法

将处方中的油脂性和油溶性组分一起加热至 80 ℃左右后成油溶液（油相），另将水溶性组分溶于水后一起加热至 80 ℃后成水溶液（水相），使水相温度略高于油相温度，然后将水相逐渐加入油相中，边加边搅至冷凝，最后加入水、油均不溶解的组分，搅匀即得。大量生产时，油相温度不易控制导致无法均匀冷却，或二相混合时搅拌不匀而使形成的基质不够细腻，可在温度降至 30 ℃时再通过胶体磨等使软膏更加细腻均匀。

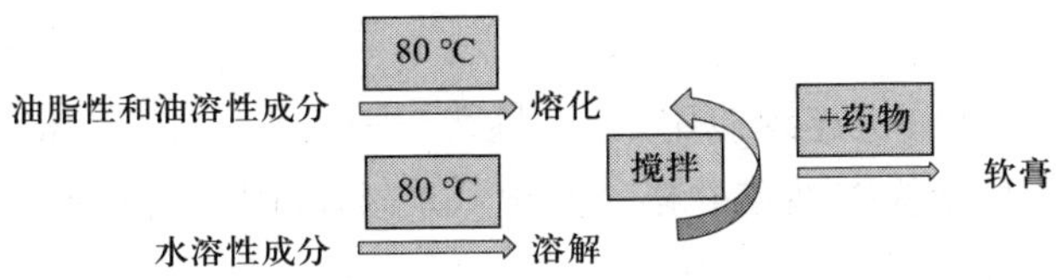

二、常用软膏剂生产设备

1. 制膏设备

（1）三辊研磨机

1）主要结构。三辊研磨机（见图 6－5）有 3 根辊筒安装在机架上，3 根辊筒中心在一条直线上，可水平安装，或稍有倾斜。辊筒可以中空，通水冷却。3 根辊筒的旋转方向不同（转速从后向前顺次增大），可产生很好的研磨作用。物料在中辊和后辊间加入，经研磨后被装在前辊前面的刮刀刮下。

图 6-5　三辊研磨机

2）工作原理。三辊研磨机通过水平的 3 根辊筒的表面相互挤压及不同速度的摩擦而达到研磨效果。

3）设备使用。

准备阶段操作如下：

① 检查各部件位置及锁紧装置是否正常，注入润滑油，接通电源。

② 调节前、后、左、右手轮，观察轧辊联动是否正常。

③ 清除辊面脏物：用软纸或干净的棉纱擦拭，松开挡料板捏手。

④ 调节前、后辊与中辊间隙为 0.5 mm，然后启动电源空转 1 ~2 min。

生产阶段操作如下：

① 启动运转后，调节中、后两辊间隙为 0.3 mm，压紧挡料板，适当加入浆料，目测着色深度，微调后辊，着色均匀且布满轧辊后，锁紧固定螺栓。

② 双手同时调节前辊手轮，使前辊缓慢接触中辊。

③ 当前辊表面着色均匀后，锁紧固定螺栓，然后调节出料板角度，使之适当轻压在辊面上，浆料即可均匀排出。

④ 检查出料均匀程度及成品粒度，继续微调前、后辊，直至成品粒度达到预定要求为止。

工作停止后，清除涂料并及时清洗，擦拭轧辊及有关部件，松开刮刀和挡料板，涂少量机油，然后覆盖蜡纸保护。

注意事项如下：

① 轧辊表面严禁碰磕、划伤，严禁各种金属物及硬质杂物进入运转的轧辊。

② 轧辊工作温度范围：普通型为 -5 ~100 ℃，加热型为 20 ~220 ℃。

③ 辊与辊在正常工作时间参考间隙范围：中、后辊间隙为 0.02 ~0.25 mm，中、前辊间隙为 0.01 ~0.25 mm。

④ 挡板的峰角严禁碰伤，调整时与轧辊面接触压力要适当，如接触不匀，有溢料现象，可对挡板圆弧面进行刮修。

4）维护保养。三辊研磨机连续使用半年以后，进行一次大修，将各处加以拆洗，重新换上洁净的润滑油，并仔细检查油路的畅通情况。在拆洗中发现问题时，应及时修复。在使用时发现辊筒变形，必须停止使用，重新修磨。辊筒修磨次数过多，辊筒直径小于要求以后，会产生传动齿轮顶紧而辊筒相互之间留有缝隙的现象，此时齿轮必须修正。

出料刀片的锋口在安装前应仔细修正，精研光滑，绝对不允许留有毛刺和裂口。刀片用短以后，可以拧松沉头螺钉，向外移出再用。

（2）真空均质乳化机

真空均质乳化机（见图 6-6）是集混合、分散、均质、乳化及吸粉多功能于一体的成套系统，带有电控系统，也可配合外围油、水相罐及真空、加热/冷却系统等使用，是生产药用软膏、高档膏霜、乳液等的专用设备。

图6－6　真空均质乳化机

1）主要结构。乳化机由主锅、油锅、水锅、电气控制系统、液压系统、真空系统以及机架等构成。主锅由乳化锅、均质机、双向搅拌机构等组成。

2）工作原理。物料首先在水锅、油锅中预热、搅拌，再通过输送管道在真空状态下直接吸入乳化锅内。

乳化锅内上部的中心搅拌、聚四氟乙烯刮板始终贴合锅壁，扫净挂壁的物料，使被刮取的物料不断产生新界面，再经过叶片与回转叶片的剪断、压缩、折叠，使物料搅拌、混合并流向锅体下方的均质机。物料再通过高速旋转的切割轮与固定的切割套之间所产生的强力剪断、冲击、乱流等过程，在剪切缝中被切割，迅速破碎成0.2～2 μm的微粒。由于乳化锅内处于真空状态，物料在搅拌过程中产生的气泡被及时抽走。采用抽真空的方式，使所生产的制品在搅拌过程中不再混入气泡，从而制造出富有光泽、细腻及延展性良好的优质产品。

3）设备使用。

① 该设备操作时必须清洗、消毒，投料后，由水锅、油锅对物料进行加热，温度由电控柜控制、设定。加热过程中应开启搅拌，保障物料加热均匀，搅拌时间可由电控柜上的仪表进行调节和控制。

② 当油锅、水锅的物料充分搅匀且加热至所需的温度时，开启真空系统，使主锅内为负压，将油锅、水锅中的物料先后吸入主锅（视情况决定先吸油锅组分或水锅组分），开启上部搅拌，速度可按不同产品调节至所需。

③ 开启均质系统对物料进行均质乳化，时间、速度可根据不同产品设定。时间由电控柜中的仪表控制，一般为3～20 min。在乳化过程中，速度、时间可根据不同配方自行更改。乳化过程中，可从视孔看到物料的乳化状况，待达到乳化要求时，关闭均质系统。

④ 冷却物料时，打开冷却水阀门进行循环式冷却，搅拌速度可随温度下降而减慢，主锅的真空度应保持在－0.05 MPa左右（亦可根据不同物料组分自行设定）。当温度降至50 ℃时，可根据不同配方加入香精、防腐剂等辅助材料。

⑤ 待温度降至出料温度时，关闭冷却水阀门，打开放料阀门，开始放料。

4）注意事项。

① 均质切削头转速极高，不得在空锅状态下运转，以免局部发热后影响密封。

② 设备应可靠接地，保障用电安全。

③ 均质机从上往下看为逆转，电机接线后或长期不用重新起用时都应点动试转，确认无误后再运转。

④ 每次启动搅拌前都应点动，检查搅拌刮壁是否异常，如有应即刻排除。

⑤ 抽真空前，检查锅是否与锅盖平贴，锅口、料口盖等是否盖严且密封可靠。

⑥ 在关闭真空泵前，应先关闭真空泵前的球阀。

⑦ 真空泵在乳化锅密封状态下方可启动运转。如果需要在非密封状态下启动真空泵，运转不能超过 5 min。

⑧ 在进行任何维护或清洗之前，必须切断设备电源。

⑨ 绝不可在设备运行时将手伸入锅内，以防发生意外。

⑩ 运行过程中如有异响，应立即停止运行，待查清原因后方可开机。

5）维护保养。定期检查各部件及轴承内的润滑油及润滑脂，及时更换干净的润滑油及润滑脂。保持均质机的清洁。每次停止使用或更换物料时，都应清洗均质机与工作液接触的部分，特别是其头部的切割轮、切割套及均质轴套内的滑动轴承及轴套。清洗并重新组装后，手转叶轮应无卡滞现象，锅体与锅盖两法兰相对固定后点动均质机，其电机转向应正确，无其他异常，方可启动运转。

2. 灌装设备

软膏剂的灌装一般使用软膏剂灌装封尾机完成。

（1）主要结构

软膏剂灌装封尾机（见图 6－7）的灌装部分主要由输管机构、灌装机构、光电对位机构、封口机构、出料机构及无滑差无级调速器组成。

图 6－7　软膏剂灌装封尾机

（2）工作原理

软膏剂灌装封尾机主要是通过输管机构将金属软管插入分度盘管座内，利用机械传动自动转位，光电检测确认有管后开始自动计量并将软膏剂灌入管内，然后六对封口钳封尾，经出料机构输出成品。

思考与练习

1. 软膏剂基质分为哪几类？
2. 软膏剂的制备过程是怎样的？
3. 使用三辊研磨机时需要注意什么？
4. 软膏剂灌装封尾机的工作原理是什么？

§6－4　气雾剂生产设备

学习目标

1. 了解气雾剂容器系统的结构。
2. 掌握气雾剂灌装设备的基本结构与工作原理。
3. 能按照 SOP 的要求正确使用气雾剂灌装设备。

一、概述

1. 气雾剂简介

（1）气雾剂的含义

气雾剂是指药物与适宜抛射剂封装于具有特制阀门系统的耐压容器中制成的制剂。使用时，借助抛射剂的压力将内容物定量或非定量喷出，药物喷出多为雾状气溶胶，其雾滴粒径一般小于 50 μm。气雾剂可在呼吸道、皮肤或其他腔道起局部或全身作用。

（2）气雾剂的特点

气雾剂的主要优点如下：

1）具有速效和定位作用，如治疗哮喘的气雾剂可使药物粒子直接进入肺部，吸入 2 min 即能显效。

2）药物密闭于容器内能保持药物清洁无菌，且由于容器不透明，药物避光且不与空气中的氧或水分直接接触，增加了药物的稳定性。

3）使用方便，可避免胃肠道的破坏作用和肝脏首过效应。

4）可以用定量阀门准确控制剂量。

气雾剂具有以下缺点：

1）因气雾剂需要耐压容器、阀门系统和特殊的生产设备，所以生产成本高。

2）抛射剂有高度挥发性，因而具有制冷效应，多次使用于受伤皮肤可引起不适与刺激。

3）氟氯烷烃类抛射剂在动物或人体内达到一定浓度都可使心脏致敏，造成心律失常，故治疗用的气雾剂对心脏病患者不适宜。

（3）气雾剂的分类

按处方组成，气雾剂可分为二相气雾剂和三相气雾剂。

按给药途径，气雾剂可分为吸入气雾剂、外用气雾剂和空间消毒气雾剂。

按分散系统，气雾剂可分为溶液型气雾剂、混悬型气雾剂和乳剂型气雾剂。

【知识链接】

二相气雾剂：一般指溶液型气雾剂，由气、液两相组成。气相是抛射剂所产生的蒸气，液相为药物与抛射剂所形成的均相溶液。

三相气雾剂：一般指混悬型气雾剂与乳剂型气雾剂，由气、液、固或气、液、液三相组成。在气、液、固三相中，气相是抛射剂所产生的蒸气，液相是抛射剂，固相是不溶性药粉；在气、液、液三相中，两种不溶性液体形成两相，即 O/W 型或 W/O 型。

2. 气雾剂的生产工艺流程

气雾剂生产工艺主要包括称量、配料、灌装、封盖、充填抛射剂、质检、成品包装等步骤。其中，称量、配料、灌装、封盖、充填抛射剂和内包装等在 D 级洁净区内进行。

二、常用气雾剂生产设备

1. 气雾剂容器系统

气雾剂容器系统由药物、附加剂、抛射剂、耐压容器及阀门系统组成。

（1）药物

气雾剂所含药物可以是中药提取物，如挥发油等，或者为化学药物，也可以中药有效成分为主，适量添加化学药物成分。

（2）附加剂

为制备质量稳定的溶液型、混悬型或乳剂型气雾剂，应加入附加剂，如潜溶剂、润湿剂、乳化剂、稳定剂，必要时还应添加矫味剂、防腐剂等。

（3）抛射剂

抛射剂是喷射药物的动力，有时兼有药物溶剂的作用。抛射剂多为液化气体，在常压下的沸点低于室温。因此，抛射剂应装入耐压容器内，由阀门系统控制。在阀门开启时，借抛射剂的压力将容器内药液以雾状喷出达到用药部位。抛射剂的喷射能力直接受其种类和用量的影响，同时也要根据气雾剂用药目的和要求加以合理地选择。对抛射剂的要求：①在常温下的蒸汽压大于大气压；②无毒，无致敏反应和刺激性；③具有惰性，不与药物等发生反应，不影响药物的稳定性；④不易燃，不易爆炸；⑤无色，无臭，无味；⑥来源广，价格便宜，便于大规模生产。

但一种抛射剂不可能同时满足以上各个要求，应根据用药目的适当选择。抛射剂的分类如下：

1）氟氯烷烃类（氟利昂）。其特点是沸点低，常温下蒸汽压略高于大气压，易控制，性质稳定，不易燃烧，液化后密度大，无味，基本无臭，毒性较小，不溶于水，可作为脂溶性药物的溶剂。氟利昂的性质使其成为比较理想的抛射剂，但由于其对大气臭氧层的破坏作用，国际有关组织已经要求停用氟利昂。

2）碳氢化合物。用作抛射剂的主要品种有丙烷、正丁烷和异丁烷。此类抛射剂虽然稳定，毒性不大，密度低，沸点较低，但易燃、易爆，不宜单独应用，常与氟氯烷烃类抛射剂合用。

3）压缩气体。用作抛射剂的压缩气体主要有二氧化碳、氮气和一氧化氮等。其化学性质稳定，不与药物发生反应，不燃烧，但液化后的沸点均较上述二类低得多，常温时蒸汽压过高，对容器耐压性能的要求高（需小钢球包装）。若在常温下充入压缩气体的非液化气体，则压力容易迅速降低，达不到持久的喷射效果，在气雾剂中基本不用，多用于喷雾剂。

（4）耐压容器

气雾剂的耐压容器是气雾剂容器系统的主要组成部分，用于盛装药物抛射剂和附加剂。制造材料包括玻璃、金属和塑料。制造材料不能与药物以及抛射剂起作用，还要求耐压、耐腐蚀、轻便、价廉等。

【知识链接】

玻璃通常被用来作为气雾剂容器的内层，因为玻璃具有多种优点，如化学性质稳定，耐腐蚀，价格低廉，制造简单等。但是由于其质脆易碎，不耐挤压、碰撞等，玻璃的使用又受到一定的限制，不过只要系统总压强不超过其限度或抛射剂的含量不超过50%（质量分数），玻璃容器是相对安全的。为了增强耐压性，其外壁搪有塑料涂层，既可加强抵抗容器内部压力的能力，又可保护玻璃避免受外界的过度碰撞和冲击。

金属材料也可用来制作气雾剂耐压容器，常用的有白铁皮或铝合金薄板。金属容器的优点是耐压强度高，轻便，使用方便，便于运输和携带，耐碰撞和冲击，可制成大容量包装等。缺点主要表现为化学稳定性差，不耐腐蚀，使用会受到一定限制。为了克服金属容器的不足，增强耐腐蚀性能，常在其内壁涂其他材料。例如，可用聚乙烯树脂作为底层，再涂环氧树脂，这样既可增强耐腐蚀性能，又可增强耐热性能，便于热灌装或加热灭菌等。

塑料容器的特点是质轻，牢固，能耐受较高的压力，具有良好的抗撞击性和耐腐蚀性。但塑料容器有较高的渗透性和特殊气味，易引起药液变化。一般选用化学稳定性好、耐压、耐撞击的塑料，如热塑性聚丁烯对苯二甲酸酯树脂和缩乙醛共聚树脂等。

（5）阀门系统

阀门系统包括阀门推动钮、喷嘴、密封圈、弹簧及汲取管等部件。阀门系统必须保证坚固且耐用。制造阀门系统的材料一般应不与内容物起反应，加工应精密准确。阀门系统的作用主要是控制和调节药物从耐压容器中定量喷出。除一般阀门系统外，还有供吸入用的定量阀门。阀门系统的结构与组成部件如图 6－8 所示。

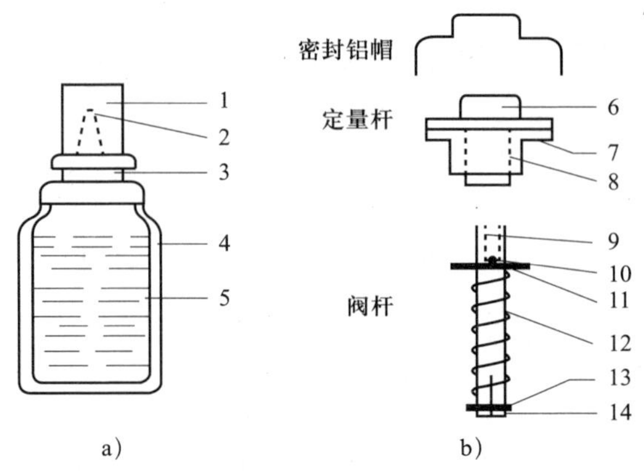

图 6－8　阀门系统的结构与组成部件

a）气雾剂外形　b）定量阀门

1—推动钮　2—喷嘴　3—定量阀门　4—塑料套　5—玻璃瓶　6—定量室　7—橡胶垫圈　8—小孔　9—膨胀室　10—内孔　11—出液弹体封圈　12—弹簧　13—进液弹体封圈　14—引液槽（轴芯槽）

目前使用最多的是定量型的吸入气雾剂。

气雾剂定量阀门系统是一种定量吸入气雾剂的阀门系统。密封铝帽用来将阀门固定在耐压容器上。阀杆的顶端与带小孔和喷嘴的推动钮相连，阀杆内的膨胀室与内孔相连，内孔用来把容器内的药液引出并喷出。当按下推动钮时，内孔进入定量室，使得药液从内孔进入膨胀室，药液因抛射剂的作用而骤然膨胀，从喷嘴以极细雾状喷出。弹簧由进液弹簧架与封圈托住而固定。出液弹体封圈位于内孔和弹簧之间，密封于定量室上端而不使药液溢出。一次喷出剂量为 0.05～0.20 mL。因此，定量室的容积决定了每次用药的剂量。

2. 气雾剂的灌装设备

气雾剂的灌装主要由气雾剂灌装机完成，如图 6－9 所示。

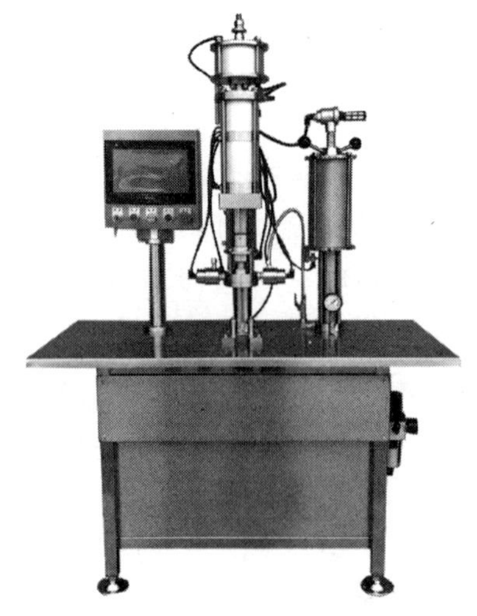

图 6－9　气雾剂灌装机

（1）主要结构

气雾剂灌装机由灌液机、封口机、充气机、增压泵、台面、机架及气动元件组成。灌液机由液体计量缸和灌液头组成，充气机由气体计量缸和充气头组成。液体计量缸和气体计量缸固定在台面上靠后的位置，灌液头、封口机和充气头安装在升降立柱的台板上，根据罐子的高度可上下调节。增压泵采用双进双出式的高效模式，并增大进出管道的口径。

（2）工作原理

1）灌液。打开灌液旋钮开关，液体计量缸双气控换向阀换向，灌液头阀门在小气缸的作用下打开，同时液体计量缸的动力气缸上腔进气，下腔排气，动力气缸活塞推动液缸活塞下压，将液缸内的液体经过灌液头灌注到气雾罐里。动力气缸活塞下压触发信号阀，信号阀输出气压作用到液体计量缸双气控换向阀使其换向，进而使灌液头小气缸和动力气缸进、出气方向逆转，灌液头阀门关闭，同时计量缸复位，并从容器中吸入等量的液体，等待下次灌装。可以通过旋转计量缸顶部的调节旋柄来调节计量缸气缸定位活塞的高度，从而改变计量缸活塞的行程，最终改变灌装的计量大小。

2）封口。打开封口旋钮开关，封口机双气控换向阀换向，封口机升降气缸上腔进气，下腔排气，使升降气缸活塞向下动作，封口头压紧罐子阀门。封口气缸底部下行触动封口信号阀，封口信号阀输出气压作用到单气控换向阀，使封口气缸上腔进气，下腔排气，活塞向下动作，封口爪撑开并封住罐口。同时，封口机顶部的挡块触动复位信号阀，复位信号阀输出气压作用到双气控换向阀使其换向，升降气缸活塞上升复位，单气控换向阀换向使封口气缸活塞上行，封口爪收缩复位。

3）充气。增压泵在压缩空气和气动元件的控制下会自动从钢瓶或储存气体的容器中吸入抛射剂，加压成高压液态并输入气体计量缸以备灌装。通过调节增压泵上气源压力可以控制液态抛射剂的压力。打开充气旋钮开关，气体计量缸双气控换向阀换向，充气头在小气缸的作用下下压气雾罐，喷嘴将自动打开。同时，气体计量缸动力气缸的上腔进气，下腔排气，动力气缸活塞推动抛射剂活塞下压，将抛射剂缸内的液态抛射剂经充气头注入封好口的气雾罐内。这时，动力气缸活塞下压触发信号阀，信号阀输出气压作用到气体计量缸双气控换向阀使其换向，并使充气头小气缸和动力气缸进、出气方向逆转，从而使充气头和计量缸复位，并从钢瓶中吸入等量的气体，等待下次灌装。可以通过旋转计量缸顶部的调节旋柄来调节计量缸气缸定位活塞的高度，从而改变计量缸活塞的行程，最终改变灌装的计量大小。

（3）基本操作流程

1）气雾剂灌装机可以灌液、封口、充气联动生产，也可以单独操作。灌液、封口和充气都有相应的旋钮开关，打开相应的旋钮开关，用瓶子触碰护栏上的信号阀开关，相应的设备就会进行生产动作。

2）开始生产时，放一个瓶子在灌液头下方，打开灌液旋钮开关，再拿另一个瓶子触碰护栏上的信号阀开关，推瓶气缸会把这个瓶子往前推到紧挨着灌液头下方瓶子的位置。此时灌液头开始灌液。继续在护栏上的信号阀开关处放置瓶子，推瓶气缸继续推瓶，同时往灌液后的瓶子里放阀门。打开封口旋钮开关，推瓶后灌液、放阀、封口将联动生产。当瓶子被推到充气头下方前一个瓶子位置时，打开充气旋钮开关，继续放瓶子，瓶子被推到充气头正下方时，充气动作就会开始。

3）如果在生产中出现意外情况，如因定位不准导致封口机下压没有复位等，可以按下复位按钮开关。

4）在生产时，要注意主机前面两块压力表的数值，如果压力出现异常，要停止生产排查原因，以免计量不准或者无法生产。

思考与练习

1. 气雾剂容器系统由哪几部分组成？
2. 气雾剂灌装机的结构有哪些？
3. 气雾剂灌装机的操作过程是怎样的？

实训项目八　滴丸机的使用与维护

一、实训目的

1. 能正确操作滴丸机。
2. 能判断并排查滴丸机的常见故障。
3. 通过课前查阅资料、课中小组学习、课后拓展练习，培养学生自主学习与小组协作的能力。

二、实训设备和场地

1. DWJ－200S－D 型大滴丸试验机。
2. D 级洁净区或模拟车间。

三、实训内容与步骤

1. 设备安装

能正确完成滴丸机滴头安装。

2. 开机操作

（1）准备工作

1）检查设备是否完好。

2）主机连接压缩空气管路，调整压力。

3）打开主控开关，将滴头侧面的照明灯点亮。显示操作屏自动进入操作界面。

4）关闭滴头开关。

（2）滴制前的调试准备

1）点击“参数设定”，设定生产时所需的底盘温度、油浴温度、制冷温度、药液温度，并开启自动加热及温度控制。

2）打开油泵开关，输送冷却剂至冷却柱，并通过循环系统进行循环。

3）打开制冷开关，制冷机开始对循环系统中的冷却剂进行制冷。

4）打开管口加热开关，对冷却柱上端冷却剂进行加热，形成梯度降温环境。

5）将药液加入滴罐中，开启搅拌器搅拌，使药液受热均匀并达到设定温度。

（3）滴制

1）各项参数达到预设值后，开启滴头开关，滴制滴丸。

2）按要求监控生产过程，并检测滴丸质量，根据需要调节、控制各参数。

（4）停机

1）生产结束，关闭制冷、油泵及加热开关。

2）清洗滴罐，关闭电源。

3）清洁设备各部件。

3. 日常维护

（1）每次使用前，应当检查滴丸机操作间温度、湿度是否符合要求，保障设备顺利运行，避免因环境导致设备损害，发生不良后果。

（2）设备运行前，注意检查接丸盘、脱油布袋、装丸桶等是否完好。

（3）滴丸机使用完毕后，确保按要求进行清洁。使用前确认设备清洁符合要求，以免污染滴丸。滴罐加料前确保滴头关闭，以免泄漏。检查油箱内的冷却剂（如二甲硅油或液体石蜡等）量是否充足，以确保滴丸顺利成型。

（4）每月检查滴丸机的药物供应系统是否有故障，并依次对滴罐、搅拌器、底盘、油泵、管口加热、制冷机、滴头开关等进行故障排查，确保各部件能够正常运行。

（5）设备使用完毕或中断生产时，必须将设备清洗干净并给各润滑点加润滑油润滑，检查合格后挂“已清洁”的状态标志牌。

（6）更换设备部件时，应轻拿轻放，以免变形损坏，并保持设备场所的清洁。

（7）药液使用完毕后，如需要更换另一种药液或停止生产，必须彻底清洗设备的药液管路和滴罐。

（8）设备使用完毕清洗前，务必关闭压缩空气，以免清洗时发生事故。

（9）设备清洗完毕后，应先关闭压缩空气供应管路，然后开启滴罐放气阀，待压缩空气排尽后再关闭阀门，最后操作显示操作屏，关闭制冷、油泵、油浴加热、底盘加热、管口加热开关等，待系统停止工作后，关闭电源开关，使设备停止运行。

4. 常见故障与排除

滴丸机常见故障与排除方法见表 6－2。

表 6－2 滴丸机常见故障与排除方法

常见故障	原因	排除方法
滴丸拖尾，丸型不圆整	药液温度偏低	调高底盘、油浴温度
滴丸表面不光滑，有粘连现象	药液温度偏高	调低底盘、油浴温度
	滴制速度过快	降低滴速
丸重偏轻	药液温度偏高	调低底盘、油浴温度
丸重偏重	药液温度偏低	调高底盘、油浴温度
滴头堵塞	滴头温度偏低	调高滴头加热温度，无滴头加热时，要先对滴头进行预热
	药液温度偏低	调高底盘、油浴温度

四、实训测评

按表 6－3 所列实训评分标准进行测评，并做好记录。

表 6－3 实训评分标准

序号	考核内容	考核标准	配分	得分
1	结构部件辨识	能正确说出设备结构部件名称	10	
2	设备安装	能正确安装滴头	10	
3	设备使用	能正确操作设备	40	
4	日常维护与保养	能正确维护和保养设备	10	
5	故障排除	能正确分析设备故障原因，采取正确措施排除故障	20	
6	其他	① 安全使用设备 ② 正确回答老师提问	10	
合计			100	

实训项目九　软膏剂灌装封尾机的使用与维护

一、实训目的

1. 能按照 SOP 的要求使用软膏剂灌装封尾机。
2. 能处理软膏剂灌装封尾机生产过程中的常见故障。
3. 能按要求对软膏剂灌装封尾机进行清洁、消毒及维护。

二、实训设备和场地

1. SGF－30 型全自动软膏剂灌装封尾机。
2. D 级洁净区或模拟车间。

三、实训内容与步骤

1. 生产前准备

（1）检查操作间、工具、容器、设备等是否有清场合格标志，并核对是否在有效期内。否则按清场标准程序进行清场，并经质量保证（QA）人员检查合格后，填写清场合格证，方可进入下一步操作。

（2）软膏剂灌装封尾机要有“合格”“已清洁”状态标志牌。应对设备状况进行检查，确保设备正常，方可使用。

（3）检查水、电、气供应是否正常。

（4）储油箱的液位应不超过视镜的2/3，用润滑油涂抹阀杆和导轴。

（5）用75%（体积分数）的乙醇溶液对储料罐、喷头、活塞、连接管等进行消毒，并按从下到上的顺序安装。安装计量泵时方向要准确并应扭紧，紧固螺母时用力要适宜。

（6）检查封尾机械手是否安装到位。

（7）手动调试2~3圈，保证安装、调试到位。

（8）检查铝管，表面应平滑光洁，内容清晰完整，光标位置正确，铝管内无异物，管帽与管嘴配合。检查合格后装机。

（9）装上批号板，点动灌装封尾机，观察灌装封尾机运转是否正常，检查密封性、光标位置和批号。

（10）按生产指令称取物料，复核各物料的品名、规格、数量。

（11）挂“运行中”状态标志牌，进入操作。

2. 灌封操作

（1）操作人员戴好口罩和一次性手套。

（2）加料，将料液加满储料罐，盖上盖子。生产中，当储料罐内料液不足储料罐总容积的1/3时，必须进行加料。

（3）开启灌封机总电源开关，设定每小时产量、是否注药等参数，按“送管”开始进空管，通过点动设定装量合格并确认设备无异常后，正常开机。每隔10 min检查一次密封口、批号、装量。

3. 关机

（1）点击主机停止按钮，然后关闭总电源。

（2）关闭气、水阀门。

4. 日常维护与保养

（1）每天开机前对全部翻滚部位加机油。

（2）拆机清洗时有必要关掉总电源和空压机。拆下的密封件和螺栓一起放好，不能放在机台上。清洗时，零件切勿磕碰，要十分留神。避免用铁具等硬物碰击灌装阀，避免灌装阀上的杂物进入设备，防止设备卡住无法开机。

（3）保养：每周至少用黄油枪加一次黄油，每天擦洗设备外表，保持设备清洁。防止物料掉进模具杯里，若物料掉进模具杯，应当立即清洗。

5. 常见故障与排除

软膏剂灌装封尾机常见故障与排除方法见表6－4。

表6－4　　软膏剂灌装封尾机常见故障与排除方法

常见故障	原因	排除方法
截尾切刀截尾不齐或切不断	切刀太钝	将两刀片分别拆下，用油石磨两切刀下平面，锋利后装好
注液系统漏液	密封件长期使用后磨损	更换漏液处密封件
注液嘴下端渗液或滴液	注液嘴与注液芯配合不当或长期使用后磨损	调整配合关系，重新用420号研磨膏研磨两器件密封面
加热开启后热风机不工作	加热器控制继电器松动或老化	更换或紧固继电器
加热开启后有风但无温升	加热器控制继电器松动或老化	更换或紧固继电器
加热开启后显示操作屏实际温度无显示	加热器下端温度探测传感器损伤	更换传感器
加热开启后有热气吹出，但实际温度不上升	加热器下端温度探测传感器脱落	旋紧传感器
注料控制阀执行气缸工作迟缓不灵	① 气控电磁阀老化 ② 气路气压过低 ③ 气路漏气	① 更换电磁阀 ② 将气压调高 ③ 处理漏气
机器运行时生产记数漏记	记数传感器老化或位置不当	调整传感器位置或更换传感器
检标不准或无法检标	检标传感器位置不当或传感器参数设定不当	调整位置，设定参数

四、实训测评

按照表6－5所列实训评分标准进行测评，并做好记录。

表6－5　　实训评分标准

序号	考核内容	考核标准	配分	得分
1	零部件辨识	能正确辨识设备零部件名称	10	
2	设备使用	① 生产前准备 ② 灌封操作 ③ 关机操作 ④ 清场维护	40	
3	故障排除	能正确分析设备故障原因，采取正确措施排除故障	20	
4	日常维护与保养	能正确维护和保养设备	20	
5	其他	① 安全使用设备 ② 正确回答老师提问	10	
合计			100	

第七章

制剂包装设备

药品作为特殊商品，其生产有其特殊性，从原料、中间体、成品、制剂、包装到使用，一般要经过生产和流通（含销售）两个领域。在产品到商品的转化过程中，药品包装起着重要的桥梁作用，其主要有保护药品、方便生产流通和销售、包装防伪、方便携带和安全使用等重要功能。

在制药工业中，药品包装设备一般按制剂剂型及其工艺过程进行分类。按照《制药机械 术语》（GB/T 15692—2008），药品包装设备分为药品直接包装机械、药品包装物外包装机械、药包材制造机械。药品直接包装机械是直接接触药品的包装机械，包括药品（药片、胶囊）印字机械、瓶包装机械、袋包装机械、泡罩包装机械、蜡壳包装机械、饮片包装机械6类。本章主要介绍泡罩包装设备、瓶包装设备、制袋包装设备等药品直接包装机械。

§7－1 制剂包装设备概述

学习目标

1. 掌握常见药品包装设备的组成。
2. 熟悉药品包装和常见包装设备的分类。

药物制剂包装是指采用适宜的材料或容器，利用一定包装技术对药物制剂的半成品或成品进行分（灌）、封、装、贴签等操作，为药品提供品质保护、标签和说明的一种加工过程总称。完成药品直接包装和药品包装物外包装及药包材制造的设备，称为药品包装设备。

一、药品包装的分类

药品包装主要分为单剂量包装、内包装和外包装3类。

1. 单剂量包装

单剂量包装指对药品按照用途和给药方法进行分剂量包装的过程。例如，将颗粒剂装入小包装袋，将注射剂、口服液采用玻璃瓶包装，将片剂、丸剂、胶囊剂装入泡罩式铝塑材料中等，称为分剂量包装。

2. 内包装

内包装是指直接与药品接触的包装。例如，将成品颗粒、药片、药丸或胶囊等直接装入塑料袋、塑料（玻璃）瓶或铝塑泡罩包装中，然后装入纸盒、塑料袋、金属容器等，以防止潮气、光、微生物、外力撞击等因素对药品造成影响或破坏。

3. 外包装

将已完成内包装的药品装入箱、袋、桶或罐等容器中的过程称为外包装。进行外包装的目的是将小包装的药品进一步集中于较大容器内，以便药品储存和运输。

二、药品包装设备的分类

1. 按包装机械自动化程序分类

（1）半自动包装机

半自动包装机是由人工供送包装材料和内容物，但能自动完成其他包装工序的设备。

（2）全自动包装机

全自动包装机是自动供送包装材料和内容物，并能自动完成其他包装工序的设备。

2. 按包装产品的类型分类

（1）专用包装机

专用包装机是专门用于包装某一种产品的设备。

（2）多用包装机

多用包装机是指通过调整或更换有关工作部件，可以包装两种或两种以上产品的设备。

（3）通用包装机

通用包装机是在指定范围内适用于包装两种或两种以上不同类型产品的设备。

3. 按包装机械的功能分类

包装设备按功能不同可分为充填设备、灌装设备、裹包设备、封口设备、贴标设备、清洗设备、干燥设备、杀菌设备、捆扎设备、集装设备、多功能包装设备，以及完成其他包装作业的辅助包装设备。我国国家标准采用的就是这种分类方法。

4. 包装生产线

由数台包装机和其他辅助设备组成的能完成一系列包装作业的生产线即包装生产线。

三、药品包装设备的组成

药品包装设备作为包装设备的特殊类型，主要由八大部分组成。

1. 药品的计量与供送装置

药品的计量与供送装置是指将包装药品进行计量、整理、排列，并输送至预定工位的装置系统。

2. 包装材料的整理与供送装置

包装材料的整理与供送装置是指将包装材料进行定长切断或整理排列，并逐个输送至锁定工位的装置系统。有的在供送过程中还完成制袋或包装容器竖起、定型、定位等工作。

3. 主传送系统

主传送系统是指将被包装药品和包装材料由一个包装工位依次传送到下一个包装工位的装置系统。单工位包装机没有主传送系统。

4. 包装执行机构

包装执行机构是指直接进行裹包、充填、封口、贴标、捆扎和容器成型等包装操作的机构。

5. 成品输出机构

成品输出机构是指将包装成品从包装机上卸下、定向排列并输出的机构。部分机器依靠主传送系统或成品自重卸料。

6. 动力系统与传动系统

动力系统与传动系统是指将动力机的动力与运动传递给执行机构和控制元件，使之实现预定动作的装置系统，通常由机、电、光、液、气等多种形式的传动、操纵、控制以及辅助等装置组成。

7. 控制系统

控制系统由各种自动和手动控制装置等组成，是现代药物制剂包装机的重要组成部分，包括包装过程及其参数的控制、包装质量控制、故障与安全控制等。

8. 机身

机身用于支撑和固定有关零部件，保持其工作时要求的相对位置，并起一定的保护、美化外观的作用。

四、GMP 对药品包装设备的要求

GMP 对药品包装设备的要求如下：

（1）药品包装设备应使用符合药品包装材料标准的包装材料。

（2）药品包装设备应适应一定范围内包装规格的变化，运行速度应能调节，运行协调、稳定，无卡滞、异常声响。

（3）药品包装设备的充填料斗、导料管内壁应光滑，无阻滞，不损伤物料或成品。充填装置应易于拆卸、清洗，具有冲裁功能的包装机应有收集所冲裁物边角余料的功能。

（4）药品包装设备中的压缩空气、真空及冷却管路应密封无渗漏。气路应有油水分离装置，水、气管路应有流量与压力的调节、显示装置。

（5）药品包装设备的控制系统应有工作状态显示、工艺参数设定和修改、故障报警功能。

（6）药品包装联动机组（生产线）的控制应匹配、可靠，能有效控制局部紧急故障。

（7）药品包装设备应有安全防护门、罩，防护门应有安全联锁装置。

（8）批号打印应字迹清晰，打印所使用的介质不得对药品和环境造成污染。

思考与练习

1. 药品包装的分类有哪些？
2. 药品包装设备的分类有哪些？
3. 药品包装设备的组成有哪些？
4. GMP 对药品包装设备的要求有哪些？

§7－2　泡罩包装设备

学习目标

1. 掌握常用泡罩包装设备的主要结构和基本原理。
2. 能按照 SOP 的要求正确使用泡罩包装设备。

泡罩包装是把被包装药物充填在由模具成型的泡罩状或盘、盒状的空穴之中，上面覆有铝箔与树脂薄膜进行热封合，经冲切成为一定形状的包装。空穴由 PVC 薄膜气泡制作成泡罩状，故取名为泡罩包装，又称为水泡眼包装，简称 PTP。泡罩包装所使用的材料有印刷涂布黏合层和保护层材料（分别被称为黏合剂和保护剂），所用的盖材是药用铝箔，PVC 硬片用于形成凹坑。泡罩包装质量小，运输方便，密封性好，能包装任何异形品，装箱不用缓冲材料，外观美观，便于销售等。

一、概述

1. 泡罩包装的包装材料

（1）PVC 硬片

药用聚氯乙烯塑料硬片简称 PVC 硬片，是泡罩包装成泡基材，为药用铝塑泡罩包装机使用的最主要的包装材料之一。依据被包裹药品形状和泡罩深度确定片材厚度，常用片材厚度为 0.25～0.35 mm。PVC 硬片具有较好的热塑性和热封性，常温下具有一定的硬度，对药品具有一定的支撑保护作用。PVC 硬片材料资源丰富，价格便宜，对环境无污染，是一种比较理想的药用包装材料。

（2）PTP 铝箔

泡罩包装的覆盖材料是单面涂覆黏合剂的铝箔（称为药用泡罩包装用铝箔，亦称 PTP 铝箔），厚度约为 0.02 mm。铝箔化学性质稳定，对药品质量无影响。铝箔上面可以印字，起标签标示作用。PVC 硬片可与铝箔热合，热合后密封效果较好，对保护药品质量稳定性具有积极意义。

PVC 硬片和 PTP 铝箔直接接触药品，对药品质量没有不良影响。

2. 泡罩包装机简介

泡罩包装机是指将底材成型为泡罩，用热合方法将药品封合在泡罩与复合膜之间，经打印批号，冲切成泡罩板的机械。泡罩包装形式可分为 PVC 片-铝箔、铝-铝、铝-塑-铝 3 种。常用的泡罩包装机为铝塑泡罩包装机。

（1）铝塑泡罩包装机

铝塑泡罩包装机是将无毒塑料硬片制成泡罩，用热合方法将药品封合在泡罩与药用铝箔复合膜内，经打印批号，冲切成泡罩板的机械。

（2）铝-铝泡罩包装机

铝-铝泡罩包装机是用复合成型铝作为底材，经冷冲压成型为泡罩的泡罩包装机。

（3）铝-塑-铝泡罩包装机

铝-塑-铝泡罩包装机是把吹塑成型的塑料泡罩放在复合铝冷冲压成型的泡罩里，用热合方法将药品封合在铝箔膜下的泡罩包装机。

（4）泡罩包装联动线

泡罩包装联动线是由泡罩包装机与装盒机、裹包机、装箱机、卧式制袋充填封口包装机等分别组成的联动线，如泡罩包装机 + 装盒机、泡罩包装机 + 装盒机 + 裹包机、泡罩包装机 + 装盒机 + 裹包机 + 装箱机、泡罩包装机 + 卧式制袋充填封口包装机。

3. 泡罩包装机的主要结构

泡罩包装机有多种形式，完成包装操作的方法各异，但它们的组成及其部件功能基本相同。泡罩包装机的主要结构有放卷部、加热器、成型部、充填部、热封部、夹送装置、打印装置、冲裁部、机体，以及气压、冷却、电气控制和变频调速等系统，如图 7 – 1 所示。

（1）放卷部

在设备上固定塑膜和铝箔卷材，带有压紧、制动和轴向位置调节装置，有的还安装了光标跟踪装置。

（2）加热器

采用电加热使塑膜硬片软化，以便成型。

（3）成型部

成型部由成型辊（板）、连接阀板、真空（压缩空气）系统、冷却水系统等组成。受热软化的塑膜片材通过成型部被吸（吹）成规定形状的光滑泡罩。

（4）充填部

加料器将片剂、胶囊等充填入已成型的泡罩中。

（5）热封部

热封部由电加热系统、气压控制和机械张力装置等组成，使铝箔与泡罩塑膜封合。

（6）夹送装置

夹送装置用于往前送进包装材料。

图 7-1 泡罩包装机的主要结构

1—充填部 2—热封部 3—铝箔卷筒 4—打印装置 5—冲裁部 6—成品滑槽 7—PVC 卷筒 8—PVC 加热器 9—成型部

（7）打印装置

在包装好的板块上打印出批号以及压出撕裂线等。

（8）冲裁部

冲裁部由主体、曲轴、连杆、导柱、凹凸模、退（压）料板以及变频调速系统等组成，是将热合密封后的铝塑泡罩薄膜冲切成规定尺寸的板块，完成包装机的最后一道工序。由于变频调速系统的作用，可以根据行程长短等因素来设定冲裁次数。

（9）机体

机体用于支撑和固定各种零部件和系统，由壳体、安装面板及焊接底座组合而成。

4. 泡罩包装的生产工艺流程

对热塑性塑料膜材进行加热使其软化，在成型模具上利用真空或正压，将其吸（或吹）塑成与待装药物外形（形状及尺寸）相近的凹泡，再将药物置于其中，以铝箔覆盖后，用热压辊将无药物处（即无凹泡处）的塑料膜及铝箔挤压成一体。根据药物的常用剂量，将若干粒药物构成的部分（多为长方形）切割成一片，完成铝塑包装。泡罩包装生产工艺流程如图 7-2 所示。

泡罩包装机可完成薄膜输送、加热、凹泡成型、加料、印刷、打批号、密封、压痕及冲裁等工艺过程。如图 7-3 所示，泡罩包装机通过加热器将 PVC 加热至设定温度，泡罩成型器将加热软化的 PVC 吹成光滑的泡罩，然后通过加料装置充填药片，由入窝压辊将已成型的 PVC 泡罩片同步平直地压入热封铝筒相应的窝眼内，再由滚筒辊热封装置将铝箔与 PVC 热封，最后由打字冲裁装置在产品上打上批号形成成品。

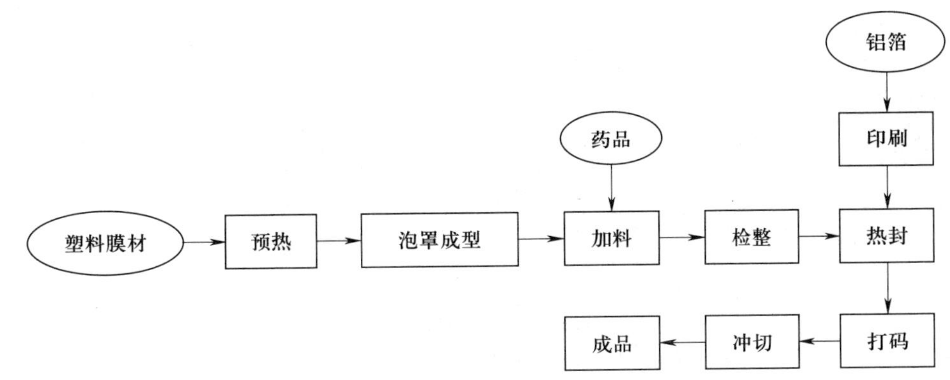

图 7－2　泡罩包装生产工艺流程

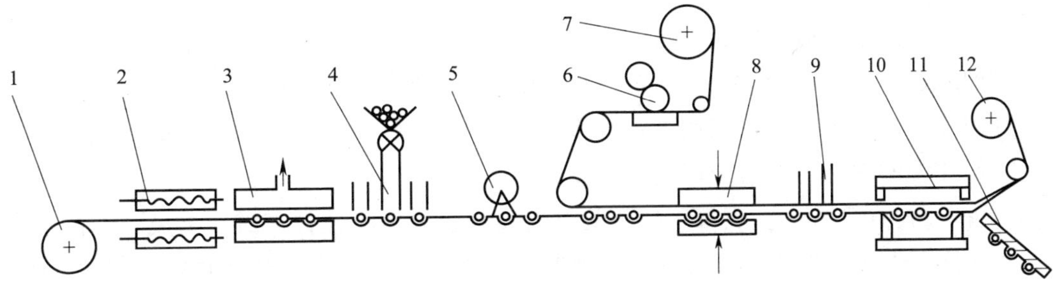

图 7－3　泡罩包装机的工艺流程

1—薄膜辊　2—加热器　3—成型器　4—加料装置　5—检整装置　6—印刷装置
7—铝箔辊　8—热封装置　9—压痕装置　10—冲裁装置　11—成品　12—废料辊

（1）加热

加热是指将成型膜加热到能够进行热成型加工的温度。加热温度值由包材确定。对硬质 PVC 而言，较易成型的温度范围为 110～130 ℃。在此范围内，PVC 薄膜具有足够的热强度和伸长率。温度的高低对热成型加工效果和包装材料的延展性有影响，因此温度控制应准确。但应注意，这里所指的温度是 PVC 薄膜的实际温度，是用点温计在薄膜表面上直接测得的温度（加热元件的温度比此温度高得多）。

国产泡罩包装机加热方式有辐射加热和传导加热。大多数热塑性包装材料吸收 3.0～3.5 μm 波长红外线发射出的能量。因此，最好采用辐射加热方法对薄膜进行加热，如图 7－4a 所示。传导加热又称接触加热，是将薄膜夹在成型模与加热辊之间，如图 7－4b 所示，或者夹在上、下加热板之间，如图 7－4c 所示。传导加热方法已经应用于 PVC 材料加热。

加热元件以电能作为热源，温度易于控制。加热器有金属管状加热器、乳白石英玻璃管状加热器和陶瓷加热器。前者适用于传导加热，后两者适用于辐射加热。

（2）成型

成型是整个包装过程的重要工序。泡罩成型方法可分为 4 种。

1）吸塑成型（负压成型）。利用抽真空将加热软化的薄膜吸入成型模的泡罩窝内成一定几何形状，从而完成泡罩成型，如图 7－5a 所示。吸塑成型一般采用辊式模具，成型泡罩

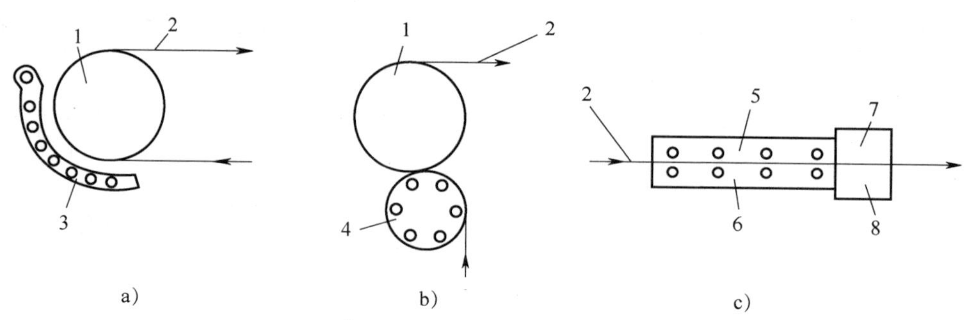

图 7-4　加热方式

a）辐射加热　b）传导加热（薄膜夹在成型模与加热辊之间）　c）传导加热（薄膜夹在上、下加热板之间）

1—成型模　2—薄膜　3—远红外加热器　4—加热辊　5—上加热板

6—下加热板　7—上成型模　8—下成型模

尺寸较小，形状简单，泡罩拉伸不均匀，顶部较薄。

2）吹塑成型（正压成型）。利用压缩空气将加热软化的薄膜吹入成型模的泡罩窝内，形成需要的几何形状的泡罩，如图 7-5b 所示。吹塑成型的泡罩壁厚比较均匀，形状挺括，可以制作尺寸大的泡罩，多用于板式模具。

3）凸凹模冷冲压成型。当采用的包装材料如复合材料刚性较大时，热成型方法显然不适用，可采用凸凹模冷冲压成型方法，即凸凹模合拢，对膜片进行成型加工，如图 7-5c 所示，其中空气由成型模内的排气孔排出。

4）冲头辅助吹塑成型。借助冲头将加热软化的薄膜压入模腔内，当冲头完全压入时，通入压缩空气，使薄膜紧贴模腔内壁，完成成型加工工艺，如图 7-5d 所示。冲头尺寸为成型模腔的 60% ~90%。合理设计冲头形状和尺寸、冲头推压速度和推压距离，可获得壁厚均匀、棱角挺括、尺寸较大、形状复杂的泡罩。冲头辅助吹塑成型多用于平板式泡罩包装机。

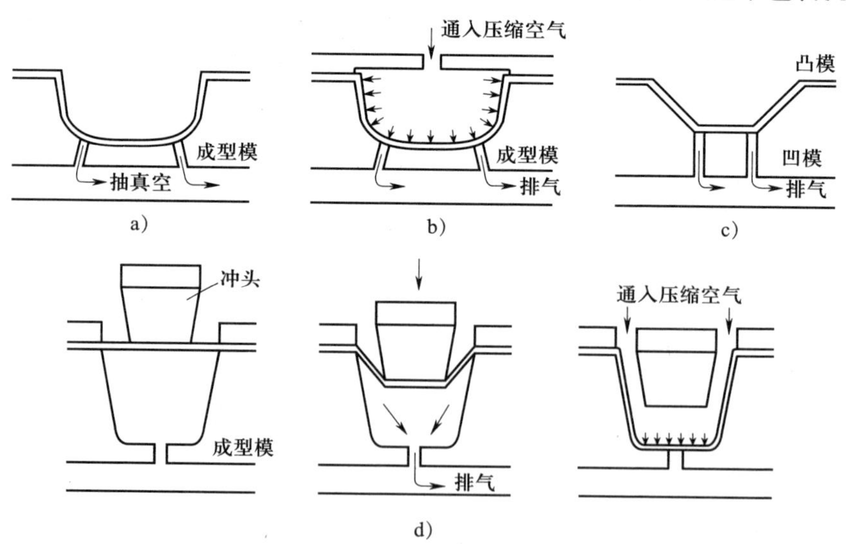

图 7-5　泡罩成型方式

a）吸塑成型（负压成型）　b）吹塑成型（正压成型）　c）凸凹模冷冲压成型　d）冲头辅助吹塑成型

（3）加料充填

加料充填主要是将片剂、丸剂、胶囊等充填入已成型的泡罩中。向成型后的塑料凹槽中充填药物可以使用多种形式的加料器，并可以同时向一排（若干个）凹槽中装药。例如，可以通过严格的机械控制，将单粒下料于塑料凹槽中；也可以一定速率均匀地铺撒式下料，同时向若干排凹槽中加料。常用的加料器有弹簧软管加料器、旋转隔板加料器和行星轮软毛刷推扫器。

1）弹簧软管加料器。弹簧软管多是不锈钢细丝缠绕的密纹软管，常用于硬胶囊剂的铝塑泡罩包装。软管的内径略大于胶囊外径，可以保证管内只存储单列胶囊。应注意保障软管不出现死弯，即可保障胶囊在管内流动通畅。软管借助于设备的振动自行抖动，即可使胶囊堆储于下端出口处。卡簧机构形式很多，可以利用棘轮，间歇拨动卡簧启闭，保证每掀动一次，只放行一粒胶囊；也可以利用间隙往复运动启闭卡簧，每次放行一粒胶囊。在机构设置中，常是一排软管由一个间歇机构保障联动。

2）旋转隔板加料器。旋转隔板加料器主要分为辊式和盘式两种。在料斗与旋转隔板间通过刮板或固定隔板限制旋转隔板凹槽或孔洞中落入单粒药物。旋转隔板的旋转速率应与带泡塑料膜的移动速率匹配，即保证膜上每排凹槽均落入单粒药物。对于左侧的水平轴隔板，有时不设软皮板，但在塑料膜宽度方向两侧必须设置围堰及挡板，以防止药物落到膜外。

3）行星轮软毛刷推扫器。利用调频电机带动简单行星轮系的中心轮，再由中心轮驱动3个下部安装有等长软毛刷的等径行星轮，做既有自转又有公转的回转运动。行星轮的软毛刷将落料器落下的药片或胶囊推扫到移动到位的泡罩片回窝带中，完成布料动作，落料器出口有回扫毛刷轮和挡板，防止药物推扫时落到泡罩带宽以外。

（4）热封

成型膜泡罩内充填好药物，覆盖膜即覆盖其上，然后将两者封合。其基本原理是使表面加热，然后加压使其紧密接触，完成热封。热封在很短时间内完成。热封有两种形式：辊压式和板压式。

1）辊压式。将准备封合的材料通过转动的两辊之间，使之连续封合，由于包装材料通过转动的两辊之间并在压力作用下停留时间极短，若想得到合格热封，必须使辊的速度非常慢或者包装材料在通过热封前进行充分预热。

2）板压式。当准备封合的材料到达封合工位时，通过加热的热封板和下模板与封合表面接触，并将其紧密压在一起进行封合，然后迅速离开，完成一个包装工艺循环。板式模具热包装成品比较平整，封合所需压力大。

热封板（辊）的表面用化学铣切法或机械滚压法制成点状或网状的网纹，提高封合强度和包装成品外观质量。但更重要的是，在封合时起到拉伸热封部位材料的作用，从而消除收缩褶皱。热封时必须小心，防止戳穿薄膜。

二、常用泡罩包装设备

铝塑泡罩包装机可按结构形式分为平板式泡罩包装机、滚筒式泡罩包装机、滚板式泡罩包装机 3 类。

1. 平板式泡罩包装机

平板式泡罩包装机（见图 7－6）是指泡罩由平板模具吹塑成型，泡罩成型到热封合过程为间隙运动的泡罩包装机。其泡罩成型和热封合模具均为平板形。平板式泡罩包装机的特点如下：

（1）热封时，上、下模具平面接触，为了保障封合质量，要有足够的温度和压力以及封合时间，不易实现高速运转。

（2）热封合消耗功率较大，封合牢固程度不如滚筒式封合效果好，适用于中小批量药品包装和特殊形状药品包装。

（3）泡窝拉伸比大，泡窝深度可达到 35 mm，满足大蜜丸包装及医疗器械行业的需求。

图 7－6　平板式泡罩包装机

平板式泡罩包装机由薄膜卷筒、加热装置、成型装置、充填装置、铝箔卷筒、热封合装置、打批号和压痕装置、薄膜输送装置和冲切装置等组成，结构如图 7－7 所示。

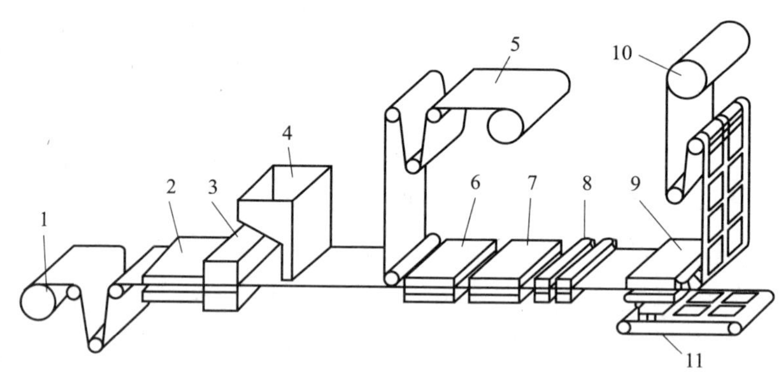

图 7－7　平板式泡罩包装机结构

1—薄膜卷筒　2—加热装置　3—成型装置　4—充填物料　5—铝箔卷筒　6—热封合装置　7—打批号和压痕装置　8—薄膜输送装置　9—冲切装置　10—废料卷筒　11—输送机

2. 滚筒式泡罩包装机

滚筒式泡罩包装机（见图 7－8）是指泡罩由滚筒模具真空吸塑成型，泡罩成型到热封合过程为连续运动的泡罩包装机。其泡罩成型和热封合模具均为圆筒形。滚筒式泡罩包装机的特点如下：

（1）真空吸塑成型，连续包装，生产效率高，适合大批量包装作业。

（2）瞬间封合，线接触，消耗动力小，传导到药片上的热量少，封合效果好。

（3）真空吸塑成型难以控制壁厚，泡罩壁厚不匀，不适合深窝成型。

（4）适合片剂、胶囊剂、胶丸等剂型的包装。

（5）结构简单，操作维修方便等。

图 7－8　滚筒式泡罩包装机

滚筒式泡罩包装机主要由薄膜卷筒、远红外加热器、成型装置、料斗、热封合装置、铝箔卷筒、打字装置和冲裁装置等组成，结构如图 7－9 所示。

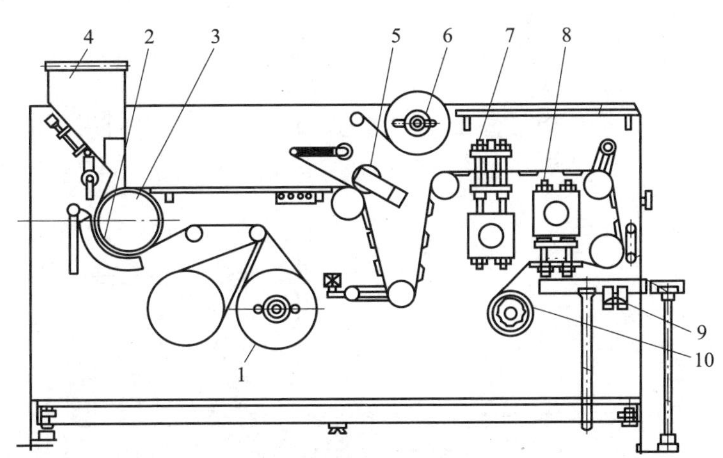

图 7－9　滚筒式泡罩包装机结构

1—薄膜卷筒　2—远红外加热器　3—成型装置　4—料斗　5—热封合装置　6—铝箔卷筒　7—打字装置　8—冲裁装置　9—输送机　10—废料辊

3. 滚板式泡罩包装机

滚板式泡罩包装机（见图 7－10）是指泡罩由平板模具间隙吹塑成型，由滚筒连续热封合的泡罩包装机。其泡罩成型模具为平板形，热封合模具为圆筒形。滚板式泡罩包装机的特点如下：

（1）结合了滚筒式和平板式包装机的优点，弥补了两种机型的不足。

（2）采用平板式成型模具，以压缩空气成型，泡罩的壁厚均匀、坚固，适用于各种药品包装。

（3）滚筒式连续封合，PVC 片与铝箔在封合处为线接触，封合效果好。

（4）高速打字、压痕，效率高，无横边废料冲裁，节省包装材料，泡罩质量好。

（5）上、下模具通冷却水，下模具通压缩空气。

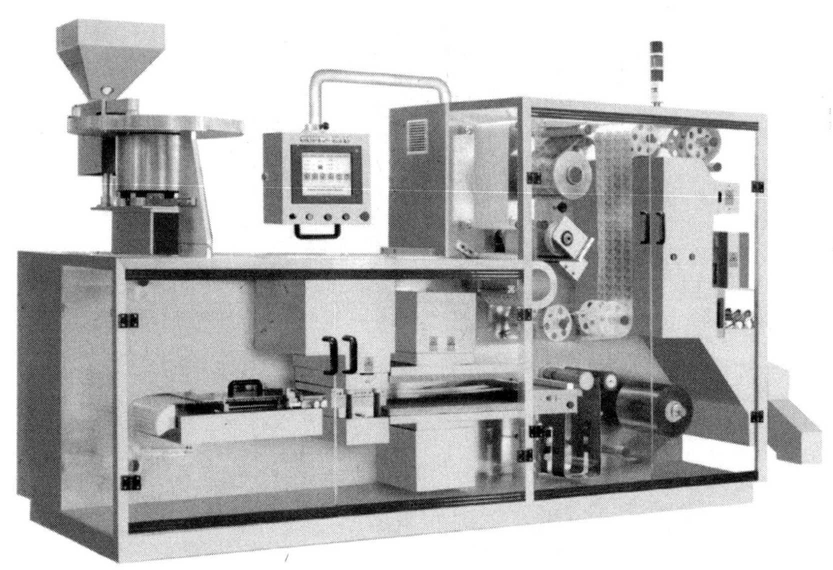

图 7－10　滚板式泡罩包装机

滚板式泡罩包装机主要由 PVC 支架、充填台、成型上模、上料机、加热器、铝箔支架、热压辊、冲裁装置、压痕装置及打字装置等组成，其结构如图 7－11 所示。

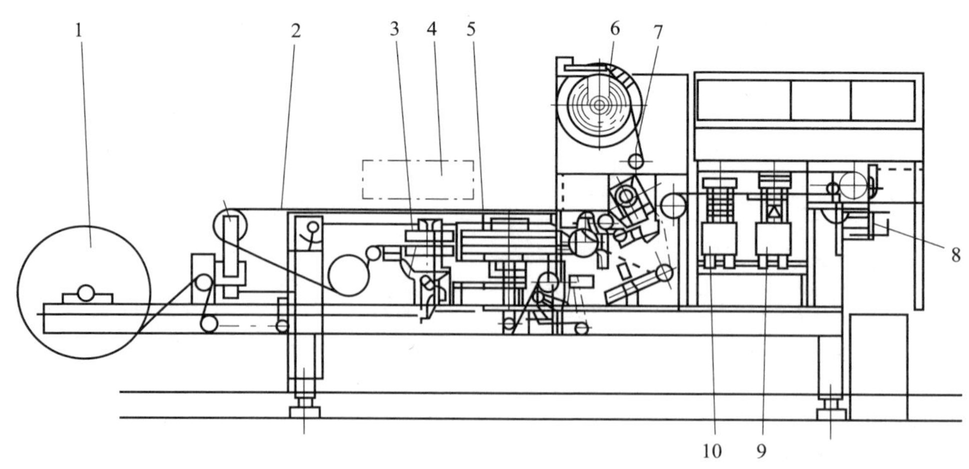

图 7－11　滚板式泡罩包装机结构

1—PVC 支架　2—充填台　3—成型上模　4—上料机　5—加热器
6—铝箔支架　7—热压辊　8—冲裁装置　9—压痕装置　10—打字装置

思考与练习

1. 泡罩包装所用的材料有哪些?
2. 试述泡罩包装的优缺点。
3. 泡罩包装机的主要结构有哪些?
4. 请画出泡罩包装生产工艺图。
5. 铝塑泡罩包装机按结构形式可分为哪3类?

§7-3 瓶包装设备

学习目标

1. 掌握常用瓶包装设备的主要结构和基本原理。
2. 能按照SOP的要求正确使用瓶包装设备。

瓶包装设备是用于片剂、丸剂、胶囊剂等制剂直接装瓶的设备。瓶包装设备能完成理瓶、计数、装瓶、塞纸、理盖、旋盖、贴标签、印批号等工作。应用广泛的瓶包装设备是药用瓶包装联动线。

一、概述

1. 瓶包装设备简介

药用瓶包装联动线是以粒计数的药物由装瓶机械完成内包装过程的成套设备。药用瓶包装联动线一般由理瓶机、计数充填机、塞入机（塞纸机/塞棉机/塞干燥剂机）、上盖旋盖机、铝箔封口机、不干胶贴标签机、装盒机等组成，能自动整理空瓶，对胶囊、片剂（包括素片以及三角形、菱形、圆形等异形片）按照设定规格自动计数装瓶、旋盖、封口、打码贴签等。组成联动线的每台设备均有独立的操作控制系统，可单机使用，也可组成完整的包装联动线使用，智能联控功能保障各道工序动作协调，计数准确，连续运行稳定，能够满足所有品种的生产，且生产出来的药瓶包装符合GMP标准。药用瓶包装联动线如图7-12所示。

2. 瓶包装联动线的生产工艺流程

药用瓶包装联动线生产工艺流程如图7-13所示。

二、药用瓶包装联动线

1. 理瓶机

理瓶机（见图7-14）是能整理和排列药瓶，并调节输瓶速度的机械。理瓶机可将药瓶

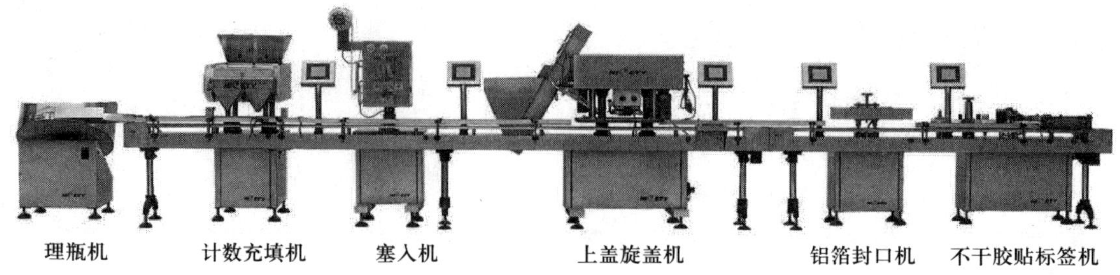

图 7 – 12　药用瓶包装联动线

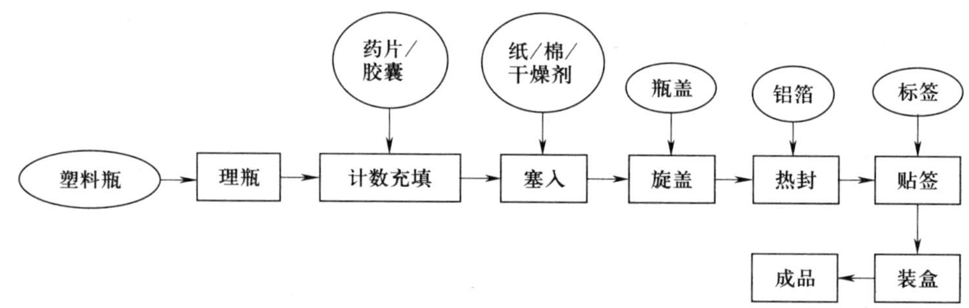

图 7 – 13　药用瓶包装联动线生产工艺流程

图 7 – 14　理瓶机

瓶口一致向上，并按整齐有序的队列输出。整机操作方便，维修简单，运行可靠。

（1）主要结构

理瓶机结构包括槽盘、料斗、振动电机、拨瓶电机、翻瓶板等，如图 7 – 15 所示。

（2）工作原理

人工或自动将药瓶装入储料仓，并通过提升机构导入料桶，根据药瓶规格，转盘以一定的速度旋转，将药瓶沿桶壁导入分瓶机构，经理瓶输送带进入理瓶机构，理顺瓶口方向，再经理瓶输送带和扶正带将产品翻转至正确方向，导出并进入下道工序（产品输送带），如图 7 – 16 所示。

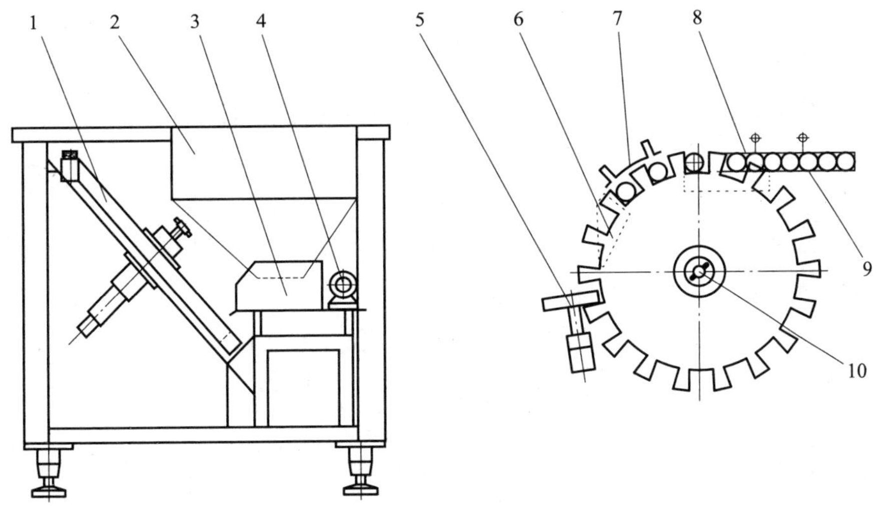

图 7－15　理瓶机结构

1—槽盘　2—料斗　3—加料斗　4—振动电机　5—拨瓶电机　6—翻瓶板
7—理瓶内挡板　8—外侧导板　9—出瓶挡板　10—槽盘螺钉

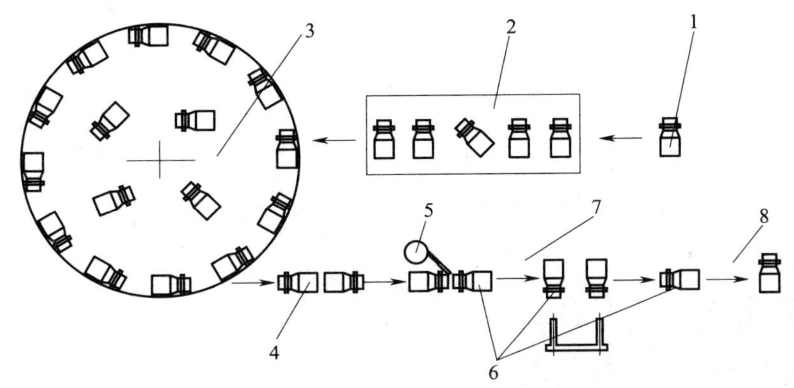

图 7－16　理瓶机工作原理

1—药瓶　2—储料仓　3—料桶　4—分瓶机构　5—定向钩　6—理瓶机构　7—理瓶输送带　8—扶正带

（3）设备使用

基本使用方法如下：

1）开机前检查确认储料仓及理瓶盘内无异物存在，并拨动翻瓶板和理瓶盘，确认可正常工作。

2）打开电源开关，确认触摸屏及 3 个光电开关都通电。触摸屏上显示缺瓶报警，用手遮挡堵瓶电眼，屏幕显示堵瓶报警，则这两个光电开关是正常状态。

3）打开压缩空气，用瓶底在拨瓶器处电眼下晃动，有压缩空气喷出，设备可正常开机。

4）在触摸屏上分别点“主机启动”和“提升启动”，观察理瓶机在运行时是否有异响。

5）确认设备正常后停止设备，将瓶子倒入储料仓内，然后运行设备。

6）开机时先低速运行，然后根据生产实际来调节提升速度和理瓶速度，使设备速度与实际生产速度相匹配。

7）在设备运行过程中，要时时观察是否有卡瓶等现象。如有，应立即停机，待排除故障后方可开机继续生产。

8）待生产结束后，停止设备，关闭电源，将剩余物料清出设备。

（4）维护保养

基本维护保养方法如下：

1）检查各零部件是否松动，有无异常声音，出现故障应及时排除。

2）定期检查各紧固螺栓、螺母是否紧固。

3）检查压力表、减压阀是否灵敏、读数准确，且应定期校验。

4）电气部分应绝缘良好，各连接部分和电气插件无松动。

5）清洁、调整设备时必须切断电源。

6）设备长期不用时，应涂防锈油，加盖护罩放置于指定处。

2. 计数充填机

计数充填机主要分转盘计数充填机和电子计数充填机（电子数粒机）两类。

（1）转盘计数充填机

转盘计数充填机（见图 7－17）是利用转盘上的计数孔板对片、丸、胶囊等制剂进行计数、充填的机械。其核心结构是一个与水平成 30°倾角的不锈钢固定圆盘，中间安装有旋转的计数孔板，孔板上均布 3～4 组小孔，每组的孔数由每瓶的装量数决定。圆盘上开有扇形缺口，仅可容纳一组小孔。缺口下方连接着落片斗，落片斗下口直抵装药瓶口。

1）主要结构。转盘计数充填机结构包括计数孔板、圆盘、落片斗等，如图 7－18 所示。

图 7－17　转盘计数充填机

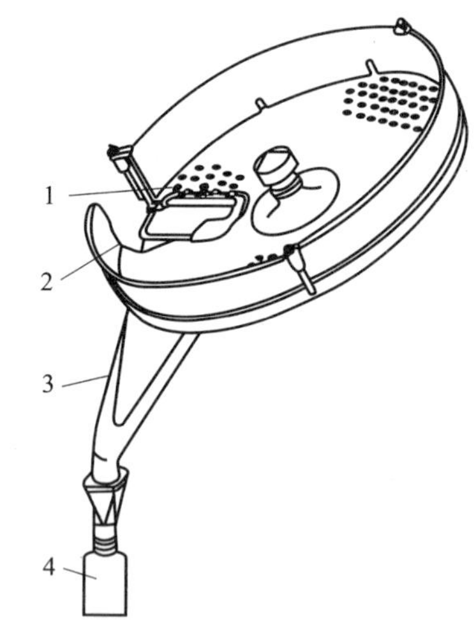

图 7－18　转盘计数充填机结构

1—计数孔板　2—圆盘　3—落片斗　4—药瓶

2）基本原理。工作时，圆盘内存积一定数量的药片或胶囊，药粒一边随计数孔板转动，一边靠自重沿斜面滚到孔板的最低处落入小孔中，填满小孔的药片随孔板旋转到圆盘缺口处，通过落片斗落入药瓶。计数孔板旋转速度不能过快（0.5～2 r/min），因为必须要与输送带上的药瓶移动速度匹配，并且速度太快将产生离心力，药粒不能在计数孔板上靠自重滚动。当改变物料或装瓶粒数时，只需要更换计数孔板即可。

3）设备使用。基本操作方法如下：

① 开机时，保证理瓶盘做顺时针方向旋转。

② 计数孔板底盘、落料管道、辅助料斗等处必须擦洗干净。

③ 安装计数孔板时，必须保持两计数孔板的模孔直径、分组、每组数量以及片厚均相同，两计数孔板的落料时间也应一致。

④ 推瓶凸轮轮块的数量与计数孔板分组数量相同。

⑤ 根据包装瓶的大小，调整好导向槽和输瓶轨道的挡板，并且要调整好推瓶滑块的起始位置。

⑥ 药片外形必须完整，防止破碎颗粒堵塞计数孔板模孔而产生误算，药片直径必须与计数孔板模孔直径相应。

⑦ 开机时先输送包装瓶，待正常后再投料进行数片，数片时应调整好计数孔板的倾斜角度和振荡程度。

⑧ 更换规格品种时，必须将与药片接触的地方擦洗干净。

4）维护保养。基本维护保养方法如下：

① 检查减速箱与滚动轴承部件，定期更换润滑油脂，暴露在外部的传动机件每班滴润滑油。

② 机器应经常保持清洁，长期不使用应罩上外罩。

③ 电器必须定期检查。

④ 振荡机构振荡盘部位每周加黄油一次，加油时拧下调节螺钉，用黄油枪将黄油挤入即可。

（2）电子计数充填机（电子数粒机）

电子计数充填机是利用光电传感器，对片剂、丸剂、胶囊剂等制剂进行计数、充填的机械，如图 7－19 所示。电子计数充填机采用振动式多通道下料、动态扫描计数、系统自检、故障指示报警、自动停机等先进技术，是集光、电、机一体化的高科技药品计数分装设备，可广泛应用于多种不同形状、大小的片剂、胶囊剂、丸剂等药品的快速计数装瓶。

1）主要结构。电子计数充填机结构包括机座、供料斗、振动输送装置、下料装置等。其中，下料装置包括下料斗、第一和第二阀门。第一和第二阀门互相间隔地设在下料斗内，将下料斗依次分隔为计数段、缓冲段和下落段。计数段内进行计数的检测装置和控制器分别与振动输送装置、第一和第二阀门以及检测装置相连。电子计数充填机在进行分装的同时，仍可以继续计数，可提高设备产量，减少操作时间，提高生产效率，更好体现工业自动化的优势。电子计数充填机结构如图 7－20 所示。

2）基本原理。工作时，药粒装入料仓，通过适当调整三级振动加料器的振动频率，使药粒沿着振动槽板的多条轨道变成连续不断的条状直线下滑至落料口，逐粒落入多条光学检测通道内。当药粒下落时，光电传感器（光学检测电眼）产生的脉冲信号输入高速 PLC

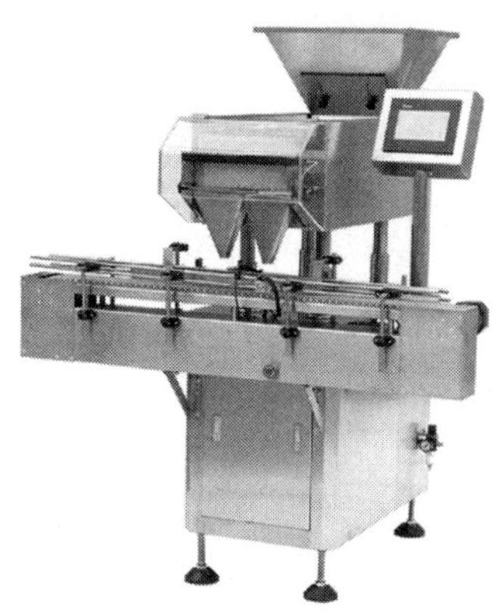

图 7－19　电子计数充填机

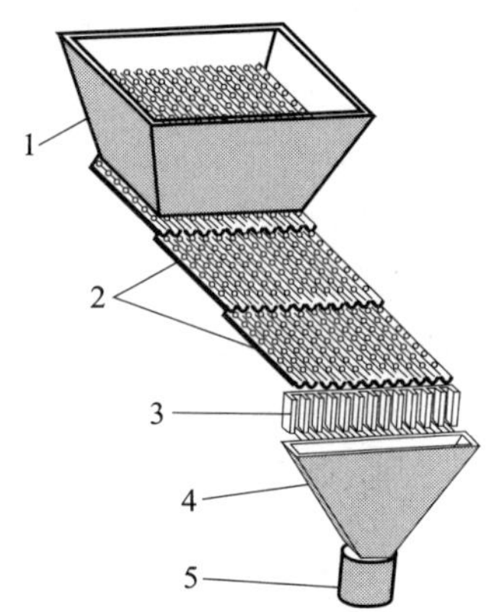

图 7－20　电子计数充填机结构

1—料斗　2—料槽　3—计数通道　4—滑动阀门　5—漏斗

编程控制器，再通过电路和程序的配合实现计数功能。药粒收集在通道下阀门上，达到设定装瓶量时，关闭通道上阀门，同时打开下阀门，使下料斗内的药粒通过料嘴落入药瓶内，然后关闭下阀门，打开上阀门、驱动气缸，使药瓶下移一个瓶位，如此循环往复，完成药粒的计数装瓶过程。电子计数充填机工作流程如图 7－21 所示。

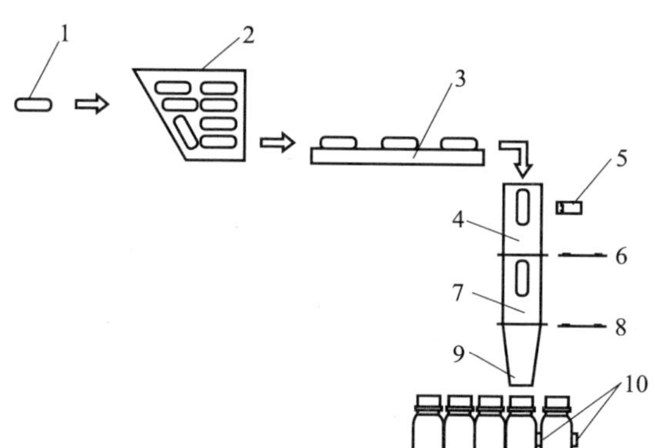

图 7－21　电子计数充填机工作流程

1—药粒　2—料仓　3—三级振动加料器　4—光学检测通道　5—光学检测电眼
6—通道上阀门　7—下料斗　8—通道下阀门　9—料嘴　10—驱动气缸

3）设备使用。基本操作方法如下：

① 将药片放入料仓，调整料仓门，使仓门开口高度正好能使药片直立通过。

② 启动输送带电源，使瓶子顺序排列，最前面的瓶子口与料嘴对准。

③ 在触摸屏上显示主画面，触摸“设备运行”按钮，触摸“装瓶粒数”并输入设定值，即可设定每瓶的装填数量；如果已有该值，直接启动即可。

④ 在运行中可以通过调整二级高速和三级高速来调整整台的下料速度，通过调整二级低速度差和三级低速度差来设定低速时的速度（低速的实际速度为高速减去速度差）。

⑤ 通过调整一级高速时间以及下料阀门，可以调整下料量，即最后的装瓶速度。

⑥ 所有参数如果正确，直接启动即可。启动后每个料嘴第一瓶易出误差，要剔除。连

续检查3瓶数量是否与要求一致，如一致才能正式运行。

⑦ 关机，清场。

4）维护保养。设备维护人员应对设备进行定期检查、维护和保养。保养设备前，必须先断开电源，并遵守相关安全规范。任何固定的保护装置因保养需要打开或者移走，保养完毕后，必须完整无损地回复原位。

基本维护保养方法如下：

① 每周进行一次清洁除尘工作，对电气控制柜内的电气元件进行除尘清洁。

② 当机器持续运行时，最好每隔一周对机器的各个接线端子进行稳固，防止发生接触不良等现象。

③ 注意检查电线是否有脱皮等现象，如有，请立即更换电线，防止短路以及触电事故发生。

④ 每两周对调节零部件、导向件/执行件检查一次。

⑤ 每月对传动链、电子系统、气动系统、安全防护装置检查一次。

⑥ 每3个月对轴承及其他部件检查一次，必要时及时更换零部件。

3. 塞入机

塞入机是对已充填药品的瓶装容器塞入相应填充物的机械。瓶装药物的实际体积小于瓶子的容积，为防止储运过程中药物之间相互碰撞，造成破碎、掉末等现象，保障药物的完好及延长保质期，常在药瓶中塞入相应的填充物，如洁净的碎纸条或纸团、脱脂棉等。对于易吸湿的药物，可在瓶内加入干燥剂。在瓶包装联动线上，可根据装瓶工艺要求配置塞入机（塞纸机/塞棉机/塞干燥剂机）。

常见的塞纸机有两类：一类是利用真空吸头，从已裁好的纸堆中吸起一张纸，然后转移到瓶口外，由塞纸冲头将纸折塞入瓶；另一类是利用钢钎扎起一张纸后塞入瓶内。塞干燥剂机是将整条带式卷状的干燥剂，剪切成单体包状，自动塞入瓶体中的设备，如图7－22所示。以下以塞干燥剂机为例进行介绍。

图7－22　塞干燥剂机

（1）主要结构

塞干燥剂机结构主要有驱动轮、固定架、机座、滚筒、支架、导向轮、滚轮、色标传感器、切割装置、漏斗等，如图 7－23 所示。

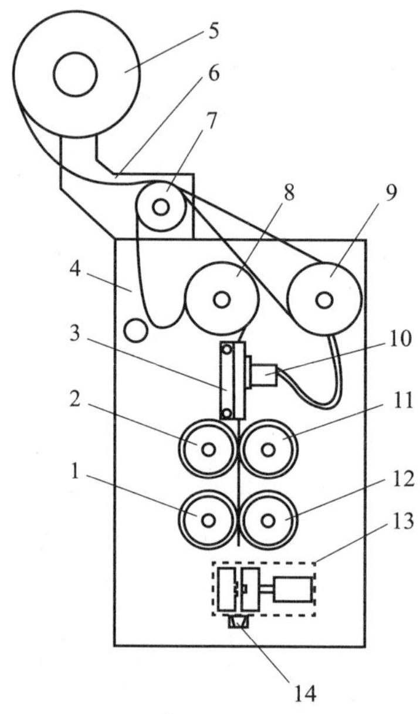

图 7－23　塞干燥剂机结构

1—第三驱动轮　2—第一驱动轮　3—固定架　4—机座　5—滚筒　6—支架　7—导向轮　8—第二滚轮　9—第一滚轮　10—色标传感器　11—第二驱动轮　12—第四驱动轮　13—切割装置　14—漏斗

（2）基本原理

塞干燥剂机采用光电定位、步进电机驱动、智能控制送料长度等技术，控制干燥剂输送带的松紧度，自动识别干燥剂连接缝处的标识；同时，在输送带侧面装有光电传感器，可对缺瓶与堵瓶进行检测，并将此信号传至 PLC 编程控制器，由其发出投料、停止、定瓶或放瓶等机台运行指示，准确快速地将干燥剂进行自动切割、自动塞入瓶内。

（3）设备使用

基本操作方法如下：

1）打开设备电源，确认触摸屏及 4 个光电开关通电。

2）用手遮住进瓶电眼，则缺瓶报警取消；用手遮住出瓶电眼，则显示堵瓶报警。

3）关闭设备，将干燥剂放入设备中，然后开机通电，依实际情况调整物料电眼位置，使剪切刀口位置基本在色标中间处。

4）依瓶子高度调整下料口至瓶口上方约 2 mm，然后调节栏杆及拦瓶机构位置，使瓶口位于下料口的居中位置。

5）在显示屏上分别点“输送启动”和“主机启动”，设备开始工作。

6）开机时先低速运行，然后根据生产实际来调节速度，使设备速度与实际生产速度相匹配。

7）生产完毕后，停止设备，关闭电源，将剩余物料清出设备。

（4）维护保养

基本维护保养方法如下：

1）检查以润滑、紧固为主，检查操纵、安全部位。

2）检查运动部件的润滑油状况，检查安全机件的可靠性，消除隐患，调整易损零部件的配合状况。

3）清除污垢、结焦，视需要对各部件进行解体、清洗、检查，消除隐患，排除缺陷。

4）对电气设备进行检查、试验。

4. 上盖旋盖机

上盖旋盖机是将螺旋盖旋合在瓶装容器口径上的机械，如图 7 – 24 所示。

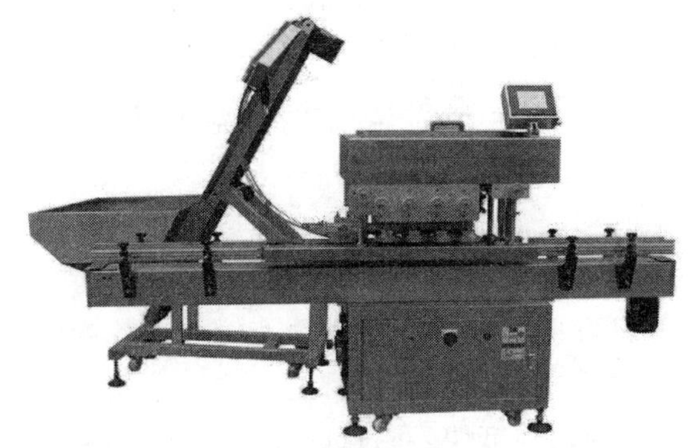

图 7 – 24　上盖旋盖机

（1）主要结构

上盖旋盖机结构主要有输送轨道、送盖装置、旋盖装置、压盖装置等。

（2）基本原理

工作时，将需旋盖的瓶子放在设备进口处链板上（或从其他流水线直接送到链板上），由调距装置使瓶子等距排列进入落盖区域。瓶子被夹瓶装置夹紧向前移动，送盖装置自动将瓶盖套上，压盖装置在旋盖前先将瓶盖压至预紧状态，在三对高速旋转的耐磨橡胶轮的作用下，瓶盖紧紧地旋在瓶身上。在旋盖过程中，接触瓶身和瓶盖的均为非金属零部件，最大限度地减少了对瓶身和瓶盖的磨损。整个旋盖过程噪声小，速度快。

（3）设备使用

基本操作方法如下：

1）打开电源，确认显示屏及 3 个光电开关通电。

2）根据瓶子高度及宽度，调节压盖组件高度、瓶身两侧的同步带宽度及旋盖轮宽度。

3）根据瓶子高度调节落盖装置，然后调整上盖机的高度及倾斜度，使之与落盖装置相匹配。

4）在显示屏上分别点击“输送启动”“提升启动”“旋盖启动”及“夹瓶启动”。

5）用手遮住落盖装置电眼，分瓶器、上盖机运行；用手遮住上盖电眼后，上盖机停止运行；用手紧贴出料电眼时，剔废装置动作。

6）检查空机运行时是否有异常声响，如无，则可正常生产，并检查最初几瓶的旋盖效果。

7）在设备运行过程中，要时刻注意是否有碰倒的瓶子或掉落的盖子并及时消除，以免影响后续的瓶子或下个工序的生产。

8）生产完毕后，停止设备，关闭电源，将剩余瓶盖清出上盖机。

（4）维护保养

基本维护保养方法如下：

1）每天开机前，对各传动轴、齿轮、链轮加油一次，每处每次滴3～5滴。

2）每天使用之后，将整台机器的粉尘擦拭干净，用无水酒精擦洗与产品接触的表面。

3）定期检查润滑系统各部位油孔、油杯、油箱是否加好润滑油。

4）检查上盖旋盖机运行中各机构工作的噪声和振动是否正常。

5）上盖旋盖机运行中不可将电动机投入运行或切除电动机，以免损坏变频器。

6）上盖旋盖机运行中操作箱后的接线绝不可拔除，否则会损坏设备。

7）各光电触头面应该保持清洁，避免光电触头有尘而失灵。

5. 铝箔封口机

瓶包装封口形式有压盖封口、旋盖封口、卷边封口、开合轧盖封口、压塞封口、电磁感应封口等。其中，电磁感应封口质量较好，用于药瓶封口的铝箔复合层由纸板/蜡层/铝箔/聚合胶层组成。密封瓶具有良好的气密性与水密性，可保护容器内含物，延长保质期，具有防伪、防盗等效果（可在铝箔上加印文字、商标）。

电磁感应铝箔封口机具有封口速度快、密封性好等优点，适用于任何非金属容器的封口。

（1）主要结构

电磁感应铝箔封口机主要由电磁感应发生器、升降机构、输送带等组成，如图7－25所示。

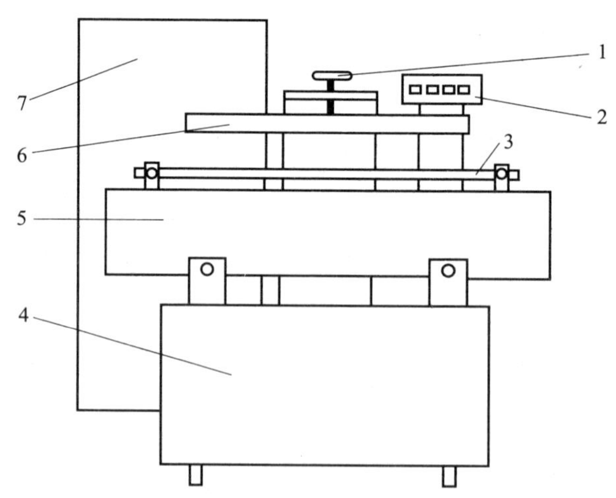

图7－25　电磁感应铝箔封口机

1—升降机构　2—控制箱　3—挡瓶杆　4—机架　5—输送带　6—电磁感应发生器　7—电源箱

（2）基本原理

电磁感应铝箔封口机是利用电磁感应原理，将瓶口上的铝箔片加热用以密封瓶口的机械。工作时，瓶体在输送带上不停移动，经过电磁感应发生器时，通过非接触感应加热方式，激发电磁场透过瓶盖在铝箔表面产生高温，使密封箔黏附于瓶口，达到密封效果。

（3）设备使用

基本操作方法如下：

1）开机前检查冷却水箱水位是否在要求范围内。

2）根据瓶子高度及宽度，调整加热感应器离瓶口 3 ~ 5 mm，调整栏杆使瓶子中心通过加热感应器的中心。

3）打开电源，电控柜显示屏亮，光电开关通电。

4）用瓶子底遮住电眼，则剔废机构动作。

5）在电控柜显示屏上点“封口停止”和“输送停止”，则设备开始运行。检查开始时的瓶子封口效果是否合格，并在设备运行时随时抽检。

6）生产完毕后，在显示屏上点“封口运行”和“输送运行”，则设备停止，关闭电源。

7）生产完毕后清场。

（4）维护保养

基本维护保养方法如下：

1）每次使用前，要将整台机器外表面擦拭干净。

2）经常检查各电源接头的密封情况，保障用电安全。

3）封口过程中有倒瓶、卡瓶等现象，要及时停机处理。

4）操作中发生异常情况，要及时报告。

5）禁止在未连接感应头的情况下通电，以防止高频电源损坏。

6）各光电触头面应该保持清洁，避免光电触头有尘而失灵。

思考与练习

1. 瓶包装联动线的组成有哪些？
2. 计数充填机主要分类有哪些？
3. 电子计数充填机的工作原理是什么？
4. 电磁感应铝箔封口机的工作原理是什么？

§7－4　制袋包装设备

学习目标

1. 掌握常用制袋包装设备的主要结构和基本原理。
2. 能按照 SOP 的要求正确使用制袋包装设备。

制袋充填封口包装是将卷筒状的包装材料制成袋，充填物料后，进行封口切断。制袋包装设备是指采用可热封的复合材料，自动完成制袋、计量、充填、封合、分切、热压批号等，对药物进行袋包装的设备，常用于包装颗粒冲剂、片剂、粉状以及流体和半流体物料。应用广泛的制袋包装设备是全自动定量制袋包装机。

一、概述

1. 制袋包装设备简介

全自动定量制袋包装机是直接用卷筒状的热封包装材料，自动包装所有的细小颗粒及粉末状药品，可实现计量充填、制袋（背封、三边封、四边封、插角袋、手拎袋、四边烫袋）、自动打孔、打码、计数、封口和切断等多种功能。全自动定量制袋包装机常用于包装散剂、颗粒剂、片剂、丸剂及流体和半流体等物料。

全自动定量制袋包装机主要由传动系统、计量装置、薄膜供送装置、袋成型装置、纵封装置、横封及切断装置、电控检测系统等部分组成，如图 7 – 26 所示。

图 7 – 26　全自动定量制袋包装机

（1）袋成型装置

袋成型装置的主要部件是制袋成型器，可使薄膜先平展然后逐渐形成袋，是制袋的关键部件。常见制袋成型器类型如图 7 – 27 所示，可以根据具体要求选择适当的制袋成型器。制袋成型器通过支架固定在安装架上，可以调整位置。在操作中，需要正确调整制袋成型器对应纵封滚轮的相对位置，确保薄膜成型封合的顺利和正确。

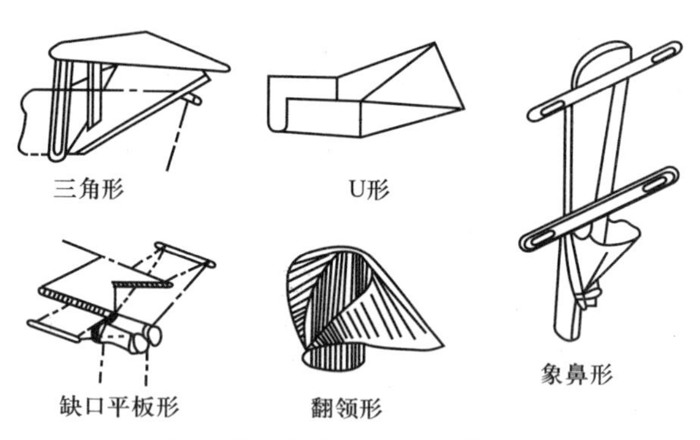

图 7 – 27　常见制袋成型器类型

（2）纵封装置

纵封装置主要由一对相对旋转的纵封滚轮构成，其外圆周为滚花形状，内装加热元件，在弹簧力作用下相互压紧。纵封滚轮有两个作用，其一是对薄膜进行牵引输送，其二是对薄膜成型后的对接纵边进行热封合，这两个作用是同时进行的。

（3）横封与切断装置

横封与切断装置主要由一对横封辊构成，横封辊相对旋转，内装加热元件。作用有两个方面：其一是对薄膜进行横向热封合，横封辊旋转一周进行一次或两次的热封合动作；其二是切断包装袋，与热封合的操作同时完成。在两个横封辊的封合面中间，分别装嵌有刀刃及刀板，在横封辊热封合时能轻易地切断薄膜。

2. 制袋包装的生产工艺流程

全自动定量制袋包装工艺流程如图 7－28 所示。

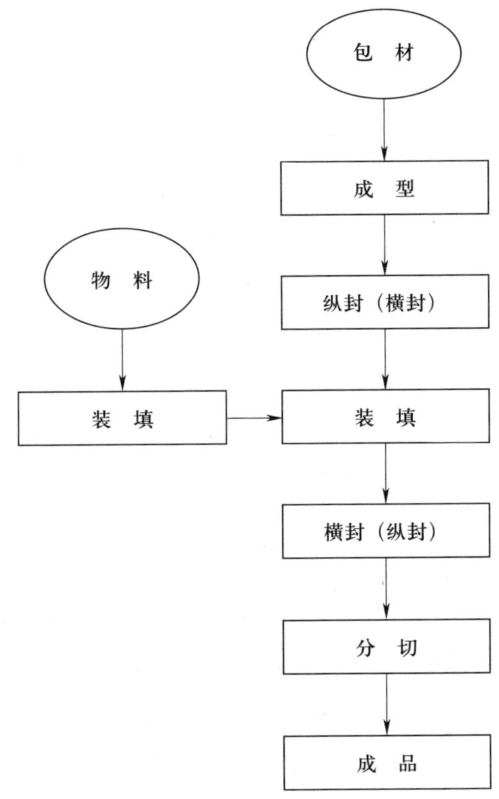

图 7－28　全自动定量制袋包装工艺流程

（1）制袋

包装材料引进、成型、纵封，制成一定形状的袋。

（2）计量与充填

将药物按一定量充填到已制好的袋中。

（3）封口

将已填充药物的袋完全封口。

（4）切断

将已封口的袋切成单个包装袋，切断与封口亦可同时进行。

（5）检测、计数

对包装袋检测并计数，有的机型无此工序。

根据不同的机型，包装流程及其结构会有所差别，但其包装原理大同小异。

二、常用制袋包装设备

1. 三边封袋包装机

三边封袋包装机是采用三边封合方式的袋包装机械，如图 7－29 所示。三边封袋包装机结构有卷筒薄膜、导辊、成型器、加料器、纵封滚轮、横封辊等，用于易流动颗粒或流动性差的粉粒状物料的包装，如图 7－30 所示。

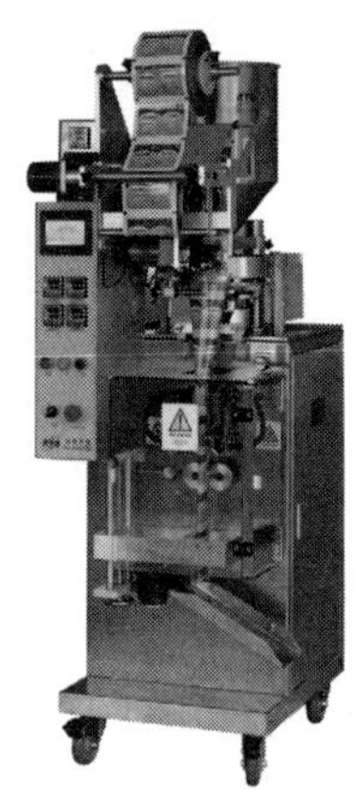

图 7－29　三边封袋包装机

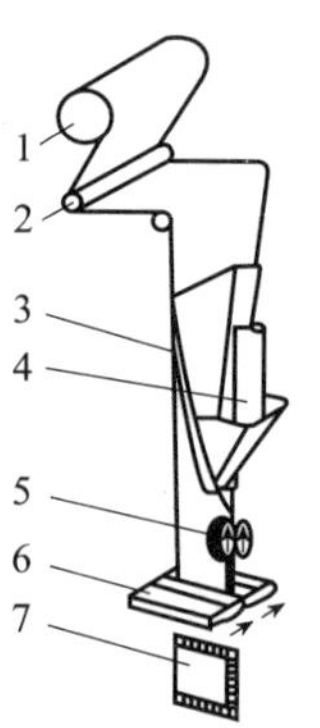

图 7－30　三边封袋包装机结构

1—卷筒薄膜　2—导辊　3—成型器　4—加料器

5—纵封滚轮　6—横封辊　7—成品袋

工作时，卷筒薄膜经多道导辊被引入象鼻形成型器，成型器下端的薄膜逐渐卷曲成圆筒，接着被纵封器加热加压封合，同时薄膜受到纵封滚轮的作用被拉送。计量后的物料由加料斗与成型器内壁组成的充填筒被导入袋内。横封器将其横向封口，纵封器的回转轴线与横封器的回转轴线成空间平行，切刀将封好的料袋从横封边居中切断分开，得到三边封口袋。

2. 四边封袋包装机

四边封袋包装机是采用四边封合方式的袋包装机械，如图 7－31 所示。四边封袋包装机主要由充填器、上卷膜轴、下卷膜轴、输送装置、纵封器、横封器和切刀等组成，其结构如图 7－32 所示。立式四边封袋包装机多用于小剂量细颗粒状或流动性好的物料包装，有多列和单列机型，随列数的增加，生产效率可大大提高。

工作时，两个卷筒薄膜经导辊进入加料管的两侧，通过纵封器将其对接成圆筒状，紧接着充填物料，随后横封器将其横向封口，切刀将料袋切断成单个四边封口袋。

3. 象鼻形成型器-充填-包装机

采用象鼻形成型器的包装机（见图 7－33），在生产过程中，包装袋会连续不断地运动，因此生产过程是连续的。卷筒薄膜在多道导辊、张紧装置的作用下，由光电检测装置对包装材料上的商标图案位置定位后，引入象鼻形成型器。计量好的物料会由加料斗充填入已被封好底的料袋中，不等速回转的横封器则分别将上、下两袋的袋口和袋底封合，纵封器的回转轴线与横封器回转轴线成空间垂直，因此口袋的形状类似“枕头”，被封好口的连续料袋会在向下运动时被回转切刀与固定切刀切断分开。象鼻形成型器-充填-包装机结构如图7－34所示。

图7－31　四边封袋包装机

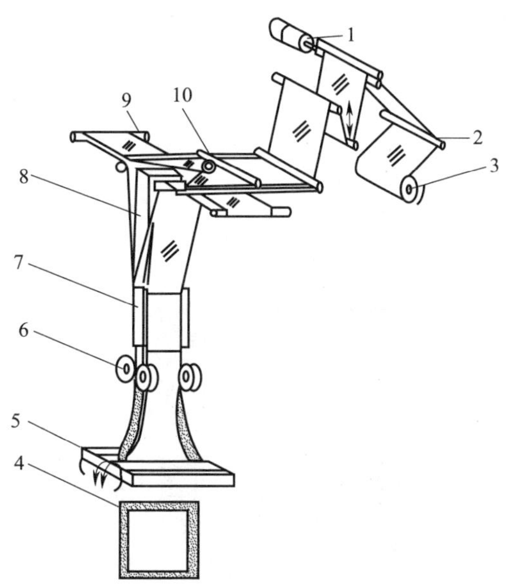

图7－32　四边封袋包装机结构

1—供纸电机　2—导辊　3—卷筒薄膜　4—成品袋
5—横封辊　6—纵封滚轮　7—成型器　8—入料筒
9—转向导辊　10—分切滚刀

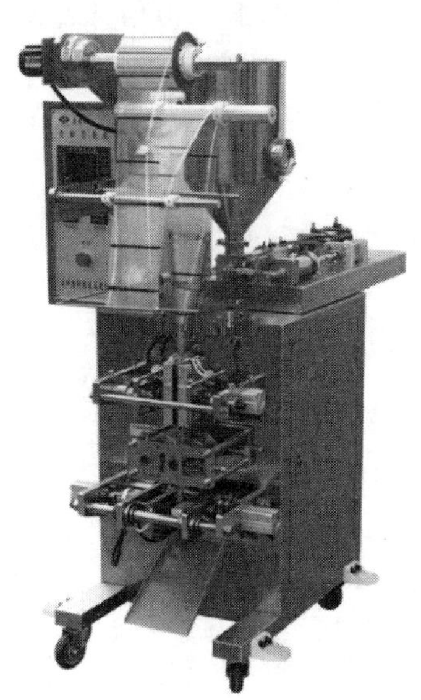

图7－33　象鼻形成型器-充填-包装机

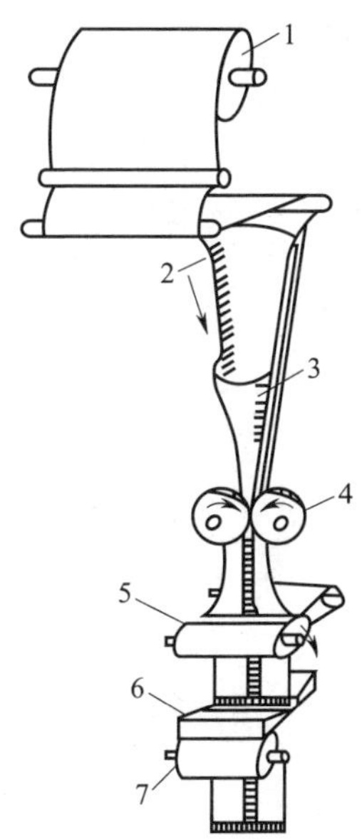

图7－34　象鼻形成型器-充填-包装机结构

1—卷筒薄膜　2—象鼻形成型器　3—加料斗　4—纵封器
5—横封器　6—固定切刀　7—回转切刀

4. 翻领形成型器-充填-包装机

翻领形成型器-充填-包装机（见图7－35）包装出来的口袋形状仍然是枕形，但是由于成型器的结构不同，生产过程是间歇不连续的。翻领形成型器-充填-包装机结构如图7－36所示。

图7－35　翻领形成型器-充填-包装机

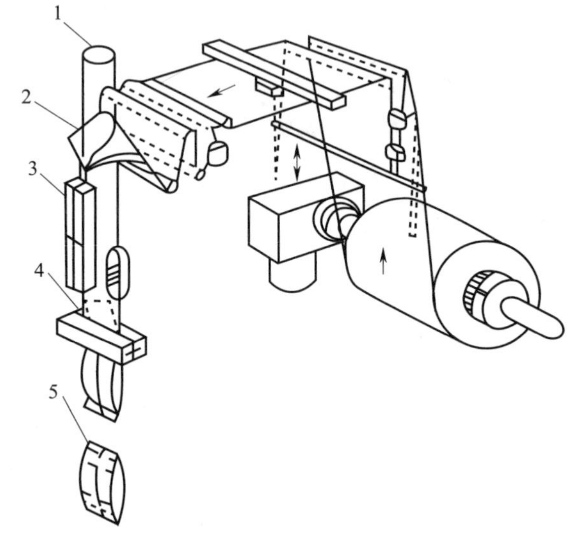

图7－36　翻领形成型器-充填-包装机结构

1—加料管　2—翻领形成型器　3—纵封器　4—横封器　5—成品

卷筒薄膜由多道导辊引入翻领形成型器，纵封器封合定形搭接或对接成圆筒状，计量后的物料经过加料管导入袋内，横封器在封底的同时会将料袋间歇地向下牵引，并在两袋间切断使之分开。

思考与练习

1. 制袋包装设备的功能有哪些？
2. 全自动定量制袋包装机主要结构有哪些？
3. 画出全自动定量制袋包装工艺流程图。
4. 三边封袋包装机的工作原理是什么？

实训项目十　铝塑泡罩包装机的使用与维护

一、实训目的

1. 能正确操作DPH－250型滚板式铝塑泡罩包装机。

2. 能对 DPH－250 型滚板式铝塑泡罩包装机进行日常维护。

3. 能判断并排除 DPH－250 型滚板式铝塑泡罩包装机的常见故障。

4. 通过课前查阅资料、课中小组学习、课后拓展练习，培养学生自主学习与小组协作的能力。

二、实训设备和场地

1. DPH－250 型滚板式铝塑泡罩包装机。

2. D 级洁净区或模拟车间。

三、实训内容与步骤

1. 设备安装

DPH－250 型滚板式铝塑泡罩包装机主体部分一般无安装件。

2. 开机前准备

（1）检查机器各部件是否有松动或错位现象。

（2）换上与生产中间品相适应的成型、热封、冲裁下模具、导向板。

（3）将换好字钉的热封上模装上，使上、下模边大致平齐。

（4）将 PVC 硬片和 PTP 铝箔分别安装在各自的卷筒上。

（5）接通气源、水源并检查有无渗漏现象。接通电源，给机器预热。

3. 开机操作

（1）打开主电源开关，接通压缩空气，接通冷却水。

（2）打开“加热”开关，主机开始加热。待加热温度达到设定值（吸塑加热温度范围为 145～155 ℃，热封加热温度范围为 190～200 ℃，打字加热温度为 100 ℃左右）后，按压“点动”按钮，使成型下模打开。

（3）抬起上加热板，按压“步进夹持”按钮，将 PVC 穿过成型模具与夹持气缸，并将 PVC 穿到机体外。

（4）放下上加热板，按压“启动”按钮，调整“主机调速”旋钮，使主机低速运行，待成型后 PVC 走出 3 m 左右，按压“准停”按钮使主机停车。

（5）用剪刀剪齐 PVC 端头，翻转 180°后将 PVC 穿入平台，并包住主动辊，用压辊压紧 PVC。按压“启动”按钮，使主机运行，再使 PVC 走出 1.5 m，按压“准停”按钮使主机停车。

（6）将 PVC 穿过打字装置，抬起冲裁前步进上压板，将 PVC 穿入冲裁装置，注意冲裁前步进推板应放在两泡罩板块中间。放下冲裁前步进上压板，按压“启动”按钮，观察打字和冲裁位置。

（7）将铝箔穿过热压辊，按压“热封”“启动”按钮，观察封合效果。按压“准停”按钮使主机停车，将物料加入主料斗，按压“上料”旋钮，使上料机工作。

（8）按压“启动”按钮，开始进行正常生产。在生产过程中可缓慢提速，注意随时观察成型、封合、上料质量。速度提升幅度较大时，应适当提高加热温度及成型、封合压力。

（9）停止生产时，按压“准停”按钮使主机停机。

（10）操作完毕后，关闭电源，按清洁操作规程对设备进行清洁。

4. 操作注意事项

（1）成型、热封、压痕等部位压力不宜过大，否则会影响使用。

（2）机器运转时，工作台面上不得有任何工（用）具。

（3）按动急停开关后，必须向右旋转归位，方能启动主机。

（4）为了保障安全生产，应按接地标牌指定位置接入地线。

5. 日常维护与保养

（1）根据润滑示意图加注 N46 机械油。

（2）每月检查各箱体油箱及减速箱油位一次（可通过视油窗观察），不够时加注到位。

（3）链条、齿轮应保持有油（可涂润滑脂）。

（4）压缩空气雾化器应加注食用油（色拉油），以保障泡罩不污染气缸，每周检查油杯是否有油。

（5）机器应保持整洁。定期用软布稍蘸肥皂水擦去表面油污、油垢，再用干布擦干。

（6）定期清理成型模排气小孔，保证泡形完好。对于不用的模具，清理后应用皮纸包好，放置在模具间干燥的架子上。

（7）工作时，各冷却部位不可断水，保持水路通畅，做到开机前先供水，然后再对加热部分进行加热。

6. 常见故障与排除

铝塑泡罩包装机常见故障与排除方法见表 7－1。

表 7－1　铝塑泡罩包装机常见故障与排除方法

常见故障	原因	排除方法
塑料泡罩底模穿孔	成型温度太高	调低温度
	PVC 质量不好，本身有小孔	调换 PVC 硬片
成型后铝箔泡罩泡眼破裂	上模与下模中心未对正	松开下模压板，调正下模位置
	成型深度太深	调低成型深度
成型后铝箔泡罩上表面起皱	成型深度太低	调低成型深度
	上、下模块之间压力不足	调节成型螺母，加大上、下模之间的压力
泡罩与热封模孔走过盈或未到位	行程未调对	测量每版行程是否准确，与铝箔输出长度是否一致，如有差距可调节行程
	成型模至热封模之间的距离不对	将摇手柄插入成型移运手柄轴孔内，调节成型模至热封模之间的距离
热封合不牢固	温度太低，铝箔表面的胶未到熔点	调高温度，使温度保持在 160 ℃左右（确切温度与机速和室温有关）

续表

常见故障	原因	排除方法
热封铝箔被压透	热封温度太高	降低热封温度
	热封压力太大	降低热封压力
	网纹板上有污物	清除网纹板上的污物
铝塑自然起皱	铝箔与塑料片黏合时未拉开	撕断铝箔，重新黏合
冲裁直向偏位	行程式未调对	调节冲裁移动手柄，使冲切站向前或向后移动
冲裁横向偏位	冲裁模安装不正	重新安装冲裁模
	牵引模安装不正	装正牵引模
加料不良	热封模或热封位置未调好	调对热封位置，使塑泡眼准确落在模孔内
	刀片磨损严重	更换刀片，减轻压力

四、实训测评

按表 7－2 所列实训评分标准进行测评，并做好记录。

表 7－2　　实训评分标准

序号	考核内容	考核标准	配分	得分
1	零部件辨识	能正确辨识设备零部件名称	10	
2	设备使用	① 开机前检查 ② 正确开机，设置参数 ③ 空转试运行 ④ 包装操作 ⑤ 正确包装 ⑥ 关机操作 ⑦ 清场	40	
3	日常维护与保养	能正确维护和保养设备	20	
4	故障排除	能正确分析设备故障原因，采取正确措施排除故障	20	
5	其他	① 安全使用设备 ② 正确回答老师提问	10	
合计			100	

实训项目十一　制袋充填封口包装机的使用与维护

一、实训目的

1. 能正确操作 PX－428 型立式全自动定量制袋包装机。
2. 能对 PX－428 型立式全自动定量制袋包装机进行日常维护。

3. 能判断并排除 PX－428 型立式全自动定量制袋包装机的常见故障。

4. 通过课前查阅资料、课中小组学习、课后拓展练习，培养学生自主学习与小组协作的能力。

二、实训设备和场地

1. PX－428 型立式全自动定量制袋包装机。

2. D 级洁净区或模拟车间。

三、实训内容与步骤

1. 设备安装

PX－428 型立式全自动定量制袋包装机主体部分一般无安装件。

2. 开机前准备

（1）检查设备的清洁是否符合生产要求，是否有清场合格证。

（2）检查机器上安装的定量杯与制袋用的成型器是否相符，包装材料是否符合使用要求。

（3）用手顺时针转动离合器手柄，使上离合器与下离合器分开。

（4）将上转盘逆时针方向手动转动一周，在旋转过程中注意观察下转盘的下料门能否顺利打开或关闭。

（5）在架纸轴上放上包装材料，装上挡纸轮及挡套，然后把架纸轴放到架纸板上。

（6）检查包装材料的印刷面方向是否与该机型的图示方向相符，调整包装材料与成型器对齐，使挡纸轮及挡套夹紧包装材料并拧紧旋钮。

（7）向下拉动包装材料，并将包装材料插入成型器中向下拉动，使包装材料进入两滚轮之间，按下“手动”键，使两滚轮夹住成型后的包装材料。

3. 开机操作

（1）通过数字温度控制器设定好封口温度。

（2）初调封合压力，手动传动带，使左、右热封器处于完全闭合状态。此时左、右热封器闭合的中心线应与下方两拉袋滚轮的啮合线左右对正。观察左、右热封器在纵封或横封部位是否有贴合不严的地方，调节使其严密贴合。

（3）进一步调整封合压力。开机连续封合几袋，观察包装袋是否封合严密，纹路是否清晰均匀，封合时撞击力是否过大。若有问题，应手动再次调整，直到符合要求。另外，纵封与横封的封合压力调整会相互影响，在调整过程中应耐心、仔细。若封合压力过大，则机器封合时撞击力过大，设备的使用寿命会缩短。

（4）将两滚轮压住成型后的包装材料，向下拉动到切刀下方，连续封合几袋后，将包装袋上的一个色标对正横封封道的中间位置，转动升降手轮调整切刀位置，使固定刀的刀刃对正色标的中间位置，若无色标则对正横封封道。将切刀离合器脱开，手动转刀试切，若不能切断，则可略微松开固定刀的紧固螺钉，调整螺钉使刀向前移动，注意一定要避免固定刀前移过多与转刀相碰。固定刀与转刀刀刃的间隙以 0.01 mm 为最佳，边调边试，调好后拧紧紧固螺钉。

（5）切刀位置调好后，调整切断时间。切断时间应为热封器处于刚好封合压紧状态，切刀的转刀进入切断过程，这时包装材料被热封器压住，切刀刃口对已封好的包装材料挤压、滚切、撕裂，可将包装袋平整切断。

（6）待所有部件都调整好后，可先连续封合几袋，观察运行是否顺畅，有无异响，若无问题则可开机进行生产。

（7）生产结束后关闭电源，按清洁操作规程做好清洁卫生。

4. 日常维护与保养

（1）定时给各齿轮啮合处、带座轴承注油孔及各运动部件加注油润滑，每班一次。

（2）减速机严禁无油运转，首次运转 300 h 后应清洗内部并换上新油。每工作 2 500 h 换新油。

（3）加注润滑油时，不要将油滴在皮带上，以免造成打滑丢转或皮带过早老化损坏。

（4）经常检查各部位螺钉，不得有松动现象。

（5）电气部分注意防水、防潮、防腐、防鼠，保障电控箱内及接线端子处干净，以防造成电气故障。

5. 常见故障与排除

立式全自动定量制袋包装机常见故障与排除方法见表 7－3。

表 7－3　　立式全自动定量制袋包装机常见故障与排除方法

常见故障	原因	排除方法
包装材料被拉断	供纸电机线路故障，线路接触不良	检修供纸电机线路
	供纸接近开关损坏	更换开关
袋封合不严	封合压力不均	调整封合压力
	封合温度不够	调整封合温度
	包材不好	换包材
封道不正	热封器位置不对	调整热封器
切袋位置偏离色标较大	齿轮啮合不好	调整、修理齿轮
	减速机机械故障	更换轴承
	光电开关（电眼）位置不正确	调整电眼位置
不拉袋	线路故障	检查线路
	拉袋接近开关损坏	更换拉袋接近开关
	自动包装机控制器故障	更换自动包装机控制器
	步进电机驱动器故障	更换步进电机驱动器

四、实训测评

按表 7－4 所列实训评分标准进行测评，并做好记录。

表 7－4　　实训评分标准

序号	考核内容	考核标准	配分	得分
1	零部件辨识	能正确辨识设备零部件名称	10	
2	设备使用	① 开机前检查 ② 正确开机，设置参数 ③ 空转试运行 ④ 包装操作 ⑤ 正确包装 ⑥ 关机操作 ⑦ 清场	40	
3	日常维护与保养	能正确维护和保养设备	20	
4	故障排除	能正确分析设备故障原因，采取正确措施排除故障	20	
5	其他	① 安全使用设备 ② 正确回答老师提问	10	
合计			100	